建筑梦想家

[英]理查德·韦斯顿 著

马昱 译

中国摄影出版社
China Photographic Publishing House

图书在版编目（CIP）数据

建筑梦想家 /（英）理查德·韦斯顿
(Richard Weston) 著；马昱译. -- 北京：中国摄影出版社，2017.11

书名原文：Architecture Visionaries

ISBN 978-7-5179-0677-3

Ⅰ. ①建… Ⅱ. ①理… ②马… Ⅲ. ①建筑学—文集 Ⅳ. ①TU-53

中国版本图书馆CIP数据核字(2017)第295891号

北京市版权局著作权合同登记章图字：01-2015-5739 号
Text © 2015 Richard Weston
Translation © 2018 China Photographic Publishing House
This book was produced and published in 2015 by Laurence King Publishing Ltd., London. This Translation is published by arrangement with Laurence King Publishing Ltd. For sale/distribution in The Mainland (part) of the People's Republic of China (excluding the territories of Hong Kong SAR, Macau SAR and Taiwan Province) only and not for export therefrom.

建筑梦想家

作　　者：[英]理查德·韦斯顿
译　　者：马　昱
出 品 人：赵迎新
责任编辑：盛　夏
版权编辑：黎旭欢
封面设计：冯　卓
版式设计：胡佳南
出　　版：中国摄影出版社
　　　　　地址：北京市东城区东四十二条48号　邮编：100007
　　　　　发行部：010-65136125　65280977
　　　　　网址：www.cpph.com
　　　　　邮箱：distribution@cpph.com
印　　刷：北京地大彩印有限公司
开　　本：16开
印　　张：19.75
版　　次：2018年1月第1版
印　　次：2018年1月第1次印刷
ISBN 978-7-5179-0677-3
定　　价：168.00元

版权所有　　侵权必究

建筑梦想家

[英]理查德·韦斯顿 著

马昱 译

中国摄影出版社

目 录

前　言	6
安东尼·高迪（1852—1926）	8
弗兰克·劳埃德·赖特（1867—1959）	12
查尔斯·雷尼·马金托什（1868—1928）	16
彼特·贝伦斯（1868—1940）	20
阿道夫·路斯（1870—1933）	24
约热·普列赤涅克（1872—1957）	28
奥古斯特·贝瑞（1874—1954）	32
艾琳·格雷（1878—1976）	36
布鲁诺·陶特（1880—1938）	40
皮埃尔·查里奥（1883—1950）	44
瓦尔特·格罗皮乌斯（1883—1969）	48
西格德·劳伦兹（1885—1975）	52
路德维希·密斯·凡·德·罗（1886—1969）	56
埃瑞许·孟德尔松（1887—1953）	60
勒·柯布西耶（1887—1965）	64
格里特·里特维德（1888—1964）	68
康斯坦丁·梅尔尼科夫（1890—1974）	72
皮埃尔·路易吉·奈尔维（1891—1979）	76
理查德·诺依特拉（1892—1970）	80
汉斯·夏隆（1893—1972）	84
巴克敏斯特·福乐（1895—1983）	88
阿尔瓦·阿尔托（1898—1976）	92
哈桑·法赛（1900—1989）	96
路易斯·康（1901—1974）	100

让·普鲁韦（1901—1984）	104
阿纳·雅各布森（1902—1971）	108
路易斯·巴拉干（1902—1988）	112
布鲁斯·戈夫（1904—1982）	116
卡洛·斯卡帕（1906—1978）	120
奥斯卡·尼迈耶（1907—2012）	124
查尔斯·伊默斯（1907—1978）和蕾·伊默斯（1912—1988）	128
埃罗·沙里宁（1910—1961）	132
菲利克斯·坎德拉（1910—1997）	136
约翰·劳特纳（1911—1994）	140
约瑟·安东尼·科德尔奇（1913—1984）	144
丹下健三（1913—2005）	148
拉尔夫·欧司金（1914—2005）	152
埃拉迪欧·迪斯特（1917—2000）	156
阿尔多·范·艾克（1918—1999）	160
约恩·乌松（1918—2008）	164
杰弗里·巴瓦（1919—2003）	168
甘特·班尼奇（1922—2010）	172
艾莉森（1928—1993）和彼得·史密森（1923—2003）	176
斯维勒·费恩（1924—2009）	180
罗伯特·文图里（1925—）和丹尼斯·斯科特·布朗（1931—）	184
詹姆斯·斯特林（1926—1992）	188
槇文彦（1928—）	192
弗兰克·盖里（1929—）	196
查尔斯·柯里亚（1930—）	200
阿尔多·罗西（1931—1997）	204
彼得·艾森曼（1932—）	208
赫尔曼·赫茨伯格（1932—）	212
路易吉·斯诺兹（1932—）	216
理查德·罗杰斯（1933—）	220
阿尔巴罗·西萨（1933—）	224
迈克尔·格雷夫斯（1934—）	228
汉斯·霍莱因（1934—2014）	232
理查德·迈耶（1934—）	236
诺曼·福斯特（1935—）	240
朱哈·利维斯卡（1936—）	244
格伦·马库特（1936—）	248
拉斐尔·莫内欧（1937—）	252
伦佐·皮亚诺（1937—）	256
安藤忠雄（1941—）	260
伊东丰雄（1941—）	264
彼得·祖索尔（1943—）	268
雷姆·库哈斯（1944—）	272
丹尼尔·里伯斯金（1946—）	276
斯蒂文·霍尔（1947—）	280
扎哈·哈迪德（1950—）	284
赫尔佐格（1950—）和德·梅隆（1950—）	288
圣地亚哥·卡拉特拉瓦（1951—）	292
艾德瓦尔多·苏托·德·莫拉（1952—）	296
恩里克·米拉列斯（1955—2000）	300
坂茂（1957—）	304
延伸阅读	308
索　引	309
图片来源	315

前　言

著名建筑理论家维欧勒·勒·杜克（Eugène-Emmanuel Viollet-le-Duc）曾说过："说到底，建筑是思想的一种表现形式。"起源于19世纪的"现代运动"或"国际风格"将20世纪的建筑带向了辉煌。首先，这种思想认为建筑应该表达这个时代或"时代精神"。在第一次世界大战之后，这种国际风格成为"机器时代"崭新的呈现方式，而这种新的形式能够超越国家和民族的界限，让世界人民团结一心。其次，这种思想认为"材料"对于建筑的独特性在于构造宽敞的空间。

值得一提的是，现代空间的概念可以追溯到钢铁或玻璃结构，比如1851年在伦敦建造的水晶宫，以及19世纪80年代芝加哥的钢结构建筑。现代建筑不再使用砌体墙，整个空间以"流体"或"渗透"的方式融入整栋建筑的内外。不同于分隔的房间，这种新式的"开放的平面"首次出现于弗兰克·劳埃德·赖特（Frank Lloyd Wright）1900年前后的作品中，它表现出对传统等级的超脱和对民主社会的愿景。

如果像安东尼·高迪（Antoni Gaudi）和查尔斯·雷尼·马金托什（Charles Rennie Mackintosh）这样的建筑大师能看到当今的建筑发展，他们一定会惊讶于自己竟然名列卷首，成为国际风格建筑的"先驱者"。但令人吃惊的是，国际风格的根源却有所不同，甚至在战乱之后的德国盛行的表现主义——尤其是布鲁诺·陶特（Bruno Taut）的作品——也对此功不可没。

1880年至1900年出生的建筑大师对空间的新视野都有所贡献，但现代主义批判声称这种普遍性始于20世纪30年代，尤其存在于最富活力的大师——勒·柯布西耶（Le Corbusier）的作品中。

第二次世界大战是一个分水岭。一些欧洲的大师迁居美国，在那里，路德维希·密斯·范·德·罗（Ludwig Mies van der Rohe）建造了后来遍布全球商业机构的钢筋玻璃结构建筑。与之形成鲜明对比的是路易斯·康（Louis Kahn）

的作品。这位天才在 20 世纪 50 年代崭露头角，他将来自于古代西方建筑的灵感运用到作品中，在坚实厚重的外壳中保存了经久不衰的品质。

年轻的一代呼吁重新关注人类的价值观，这些观点都汇总在了阿尔多·范·艾克（Aldo van Eyck）的设计理念中。他认为建筑设计不应基于抽象的时间和空间概念，而应该重视人们实际生活的"地点与场所"。从加利福尼亚到日本，从芬兰到印度，大师们不断探索传统城市和地方文化，寻求既富有现代性又不失民族特色的表现方式。1973 年的石油危机后，人们又有了新的迫切需求。耗能的空调系统急需被被动式温湿度控制系统所取代。

20 世纪 80 年代，现代主义正统观念遭到了查尔斯·詹克斯（Charles Jencks）的批判。他提倡以建筑的意义为中心的后现代主义风格，并呼吁运用具有历史意义和地方特色的元素。这种理念早在 20 年前罗伯特·文图里（Robert Venturi）的作品中已有提及：这种后现代主义风格在受到极力推广的同时也备受争议。事实证明这种风格是短暂的，尽管后现代主义有着一定的影响力，但却并非受到了普遍的欢迎。最近几十年的建筑风格——正如本书后三分之一的内容所证实的——正呈现出百花齐放的发展态势。

安藤忠雄（Tadao Ando）的"极简派艺术"与弗兰克·盖里（Frank Gehry）或扎哈·哈迪德（Zaha Hadid）生机勃勃的形式似乎有着天壤之别。但所有的多样性设计，都不断地让人眼花缭乱却又令人兴奋不已。当代建筑是以 20 世纪 20 年代建筑的基本空间形式与审美创新作为支撑。现代主义是自文艺复兴以来西方文化中最伟大的转变，并且现在依旧生机盎然。它并非均一风格的基础，而是一种遍及全球充满活力的建筑梦想家的工作方式。

这本书是按照建筑大师出生的时间顺序进行编写的，并非要刻意强化某个建筑主题或历史结构，相反，却为现代建筑的多样性喝彩：20 世纪 20 年代，梦想家们的热情似乎有所缓和，但对于所有真正的建筑师来说，他们都有相同的愿望，即面对日新月异的社会需求和科技进步，如何塑造我们的家园、工作场所和各种机构。

"棱角将会消失，随后呈现出天堂的模样。"

安东尼·高迪

1852-1926

西班牙

安东尼·高迪（Antoni Gaudí）的建筑风格源于他一生中的两个挚爱：对加泰罗尼亚民族的热爱和对天主教的虔诚。两者融合在一起，凝聚成了他对自然的爱。

1885年，高迪接手主持巴塞罗那市圣家堂（Sagrada Familia）的设计，当时教堂的地下室已经建好。8年后，根据高迪的哥特式设计，教堂已经完成了第一阶段的建造。然而这项工程后续的层层设计才真正让这位建筑大师的独特才华得以绽放。高迪摈弃中世纪哥特建筑传统的扶壁结构，重新创立了哥特式结构体系。他让石柱受力，充分利用拱门和穹顶，甚至将教堂模型倒置做悬挂式重力实验。

高迪利用层层叠叠的砖墙，使得加泰罗尼亚式的穹顶结构被运用到极致，并且采用新型图形技术做结构分析。1908年，他受命为圣家堂的工人设计一所小型学校（但预算拮据）。期间，他设计的双曲抛物线屋顶和波浪墙面，堪称建筑结构上的绝技，并受到勒·柯布西耶的极力推崇，直到1945年后才得以被效仿。

1900年后，高迪凭借独特的设计风格名噪一时。当时他正全身心地投入古埃尔公园（Park Güell，1900—1914）的建设。他用蜿蜒的长椅装点山坡上的公园广场，用破碎的马赛克瓷砖拼出椅背的花纹，广场下面用森林般茂密的空心排水柱作为支撑。高迪在改造巴特罗公寓（Casa Batlló，1904—1906）时，所设计的线条圆润的阳台、镶嵌彩色瓷砖的墙壁和巨龙形状的屋顶都与约翰·拉斯金（John Ruskin）笔下威尼斯的"镶嵌建筑风格"如出一辙。实际上，高迪是英国自然主义的忠实拥护者，并且他也在建筑领域中倡导回归自然。

与其他新艺术流派的倡导者不同，高迪对自然的诠释不拘泥于外在形式的模仿，而是将其融入创作过程与艺术精神之中。米拉公寓（Casa Milá，1910）的创作灵感源于他早期的成熟作品，但鲜活的海洋生物换成了丰富的地貌形态。这栋建筑有着一层层悬崖峭壁般的轮廓，并且屋顶上耸立着奇形怪状的柱状烟囱和通风管道。

如果想要深入体会高迪的艺术作品，那么一定要去古埃尔领地教堂（Colònia Güell）的地下室参观一番。这座教堂起建于1898年，位于巴塞罗那市以南，和圣家堂一样，也是一件未完成的作品。教堂的斜柱与拱门、穹顶交织在一起，仿佛森林般拔地而起。光线透过玻璃彩色花窗照射进来，映衬出一番超自然的景象。很少有艺术家能把对自然和上帝的热爱表现得如此栩栩如生。

对页： 位于巴塞罗那的巴特罗公寓（1904—1906）拥有镶嵌彩色瓷砖的墙壁和蜿蜒曲折的阳台，这样的设计唤起了与大自然的多重联系。

上图： 安东尼·高迪，1878年。

上图： 位于巴塞罗那市的米拉公寓，因其悬崖峭壁式的山洞风格，又被称为"米拉之家"或"石头房子"。

下图： 位于巴塞罗那市的古埃尔领地教堂（始建于1898年，未完成）地下室的斜柱计算准确，起到结构上的受力支撑作用。

对页： 位于巴塞罗那市的圣家堂（始建于1885年，未完成）的中央大厅完成于2000年，是砌体结构工程的一件杰作。

安东尼·高迪

- 1852 出生于加泰罗尼亚小城雷乌斯
- 1878 毕业于巴塞罗那建筑高级中学
- 1885 开始设计巴塞罗那圣家堂（未完成）
- 1888 作品在巴塞罗那世博会参展
- 1898 开始设计古埃尔领地教堂（未完成）
- 1910 作品在巴黎大皇宫（Grand Palais）展出
- 1926 在西班牙的巴塞罗那被行驶的有轨电车撞倒去世

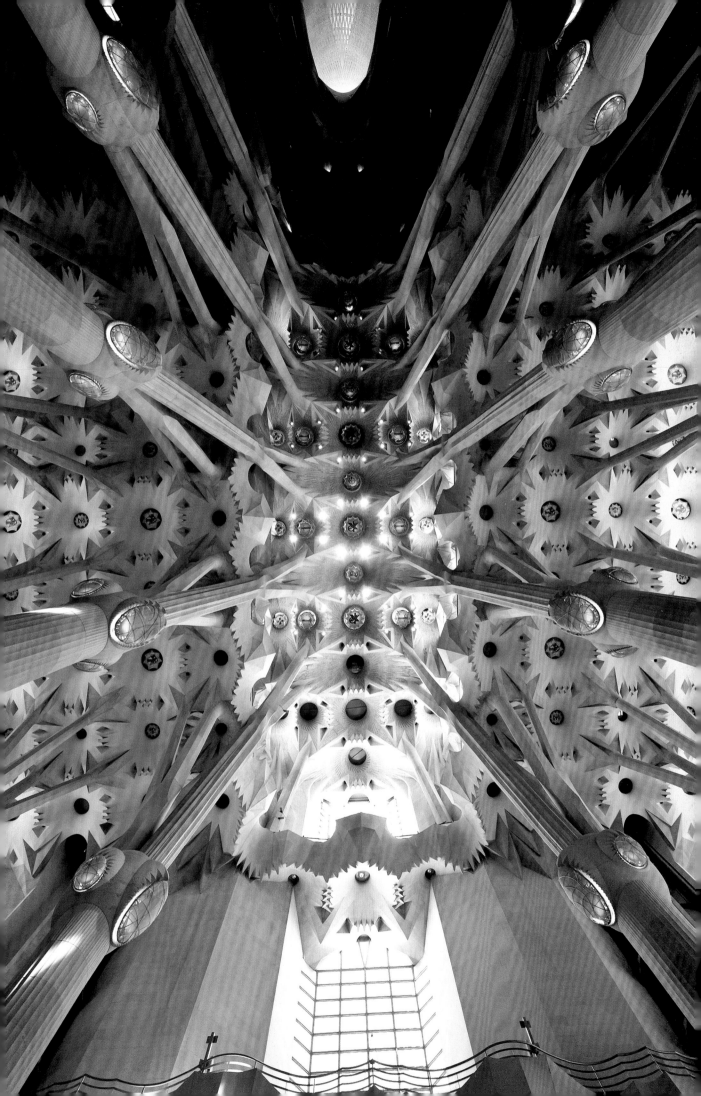

"这种将室内空间设计体现在建筑外在结构上的理念是前所未有的。"

弗兰克·劳埃德·赖特

1867—1959

美　国

1901 年，弗兰克·劳埃德·赖特（Frank Lloyd Wright）设计的"草原式住宅"（Prairie Houses）刊登在了《妇女家庭杂志》（*Ladies' Home Journal*）上，这一设计具有革命性的意义：他最早提出以壁炉为中心，将底层的平面依次流畅地展开。正如他晚期所述："这种将室内空间设计体现在建筑外在结构上的理念是前所未有的。"这种被他称作"有机的"结构成了激进架构的核心，并在他设计的草原风格的罗宾私人住宅（Robie House，1909）中得以体现。

对于赖特而言，建筑源于大楼中的生活，而开放的平层则反映了作为社会基础的每一个家庭。平民化的美国风住宅（Usonian Houses）便是这种理念的结晶。从最早的雅克布私人住宅（Jacobs House，1936）开始，他一共设计了 100 多幢类似风格的建筑。其中，他开创了使用地暖的先河，并且用车库取代了仓库以满足当时的需求。同样地，他也将这些原则运用到纽约州布法罗市拉金大厦（Larkin Building，1904—1906）的设计中，发明了典型的现代中庭办公大楼——配有空调设备，并提倡对卫生间进行间隔分区和采用钢制家具。

坐落于市郊的草原式住宅有着浅浅的屋顶，和地面融为一体。比如，位于伊利诺伊州海兰公园（Highland Park）的威利茨住宅（Ward Willits family，1902）就体现了赖特关于有机建筑应当与"周围风景紧密结合"的创作思想。这种理念盛行于乡村地区，其中最为著名的是错落有致的流水别墅（Fallingwater，1937）。虽不起眼，但却同样引人注目的是赖特私人住宅和工作室建筑群。他的私人住宅初建于威斯康星州东部的塔里埃森（1911，1914 年于大火后重建），他设计的石柱看起来巧夺天工。随后他将住处搬到了亚利桑那州的菲尼克斯市外，那些饱受风化的西塔里埃森的"沙漠毛石"墙壁与周围的山脉相互呼应。

"自然的材料处理方式"是另一个关键原则。赖特不断突破，将材料的运用推向结构与设计的另一个高度。罗宾住宅中的悬顶、流水别墅里夸张的悬臂梁、约翰逊制蜡公司行政大楼（1936—1939）里魔幻般修长的"睡莲"形立柱，以及纽约市古根海姆博物馆（Guggenheim Museum，1942—1960）的流动曲线都从各个方面证明了钢筋和混凝土的功能。或许，赖特坚信，有机的建筑首先应是浑然一体的，而形式上的"发展"必然会超越那一套套原则。这些原则可能表现为模块化的几何图形，尤其是正方形。从设计团结寺（Unity Temple，1908）的内饰开始，赖特便习惯从协调总体规划着手，再逐步进行灯饰或其他配件上的细节调整。或者，整体协调的效果可以通过使用单一材料实现。最明显的例证是他后期使用的"流体"混凝土材料，被广泛地应用在了古根海姆博物馆的设计中。与之类似的还有建于 20 世纪 20 年代加利福尼亚州的纺织体房屋（textile-block houses）——因其织锦般的表面而得名——同样极具说服力。他利用"交相辉映"的光线和混凝土，创造了一个复杂的空间结构。

对页： 宾夕法尼亚州熊跑溪流水别墅（1937）与层层岩石融为一体，体现了建筑与自然的完美结合。

上图： 弗兰克·劳埃德·赖特，1957 年拍摄于西塔里埃森工作室。

弗兰克·劳埃德·赖特

- 1867 出生于威斯康星州里奇兰中心
- 1888 进入《阿德勒》（Adler）和沙利文（Sullivan）办公室工作
- 1893 在芝加哥建立自己的建筑实验室
- 1901 在《妇女家庭杂志》上发表房屋设计图
- 1907 和情人梅玛·布斯威克·钱尼（Mamah Borthwick Cheney）在欧洲生活一年
- 1914 梅玛、钱尼和两个孩子在一场发生在西塔里埃森的凶杀中去世
- 1932 于《消失的城市》(The Disappearing City) 一书中发表"广亩城市"
- 1959 在亚利桑那州菲尼克斯市去世

上图： 完成于1908年的团结寺，位于芝加哥的橡树公园（Oak Park），是赖特第一件表现"有机"建筑物的作品。

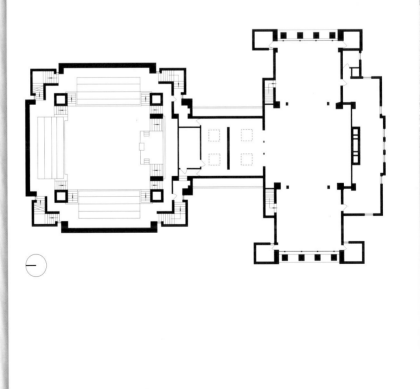

上图： 巧妙的正方形设计，使"H"形功能分区首次在团结寺的布局中呈现出来。

上图： 威斯康星州拉辛市的约翰逊制蜡公司行政大楼（1936—1939）里修长的"睡莲"形立柱展现了赖特对于结构设计的精通。

下图： 芝加哥市罗宾住宅夸张的悬臂梁屋顶、岩石基和压顶板成为赖特草原风格的缩影。

格拉斯哥艺术学院（Glasgow School of Art）图书馆内丛林般的木质结构是空间设计的代表作。2014年5月23日，学院因供暖设备引发火灾，整个建筑的精华——图书馆的内部空间被大火焚毁。

"希望存在于诚实的过失中，而丝毫不存在于纯粹的设计师的冷酷的完美中。"

查尔斯·雷尼·马金托什

1868—1928

英 国

当查尔斯·雷尼·马金托什（Charles Rennie Mackintosh）受命设计他职业生涯中最重要的建筑——格拉斯哥艺术学院时，他只是个年轻的助理建筑师。而正是通过这幢建筑的设计使他成为英国新艺术风格的典范，并且影响了整个欧洲大陆。面对预算拮据且地势狭窄、陡峭的问题，马金托什将学院北面的工作室设计在了主干道上，将图书馆、阶梯教室、校门建筑群和教工宿舍建在了南边。

马金托什很赞同与他同时代的 C. F. A. 沃塞（C.F.A.Voysey，1857—1941）的观点，认为"外在的表象是内部基本情况的演化，楼梯和窗户需要安放在最方便使用的位置"。接着，这种"功能性"方法论被巧妙地运用到立面设计之中。建筑正中央的入口处应当对称，而其他的设计不需要太严格：三四扇窗户交错排列，其尺寸取决于具体位置的大小。优雅的栏杆和墙壁则再次营造出对称性，并且与窗台遥相呼应，作为空间上的隔断。

工作室的窗户有着显露的门楣和细长的管道，充满着工业感。而装饰性的钢铁支架体现出马金托什新艺术风格的亲和力。主楼梯和博物馆也有同样别致的装饰，而图书馆由于资金缺乏，仅完成了第二阶段的一部分设计——其室内堪比弗兰克·劳埃德·赖特同样始建于 1905 年的团结寺。1.2 米（4 英尺）的长柱作为方形立柱的支持延伸至屋内，四周被狭长的画廊围着。这样一来，横梁便可以契合到方形立柱上。这种设计方式可以将长柱放置在一根根钢筋横梁之下。然而，和那些新颖的细节及微弱的光线一样，整个室内都呈现出神秘而抽象的氛围，这样的设计是史无前例的。

图书馆的立面设计也有着同样的难度。入口处没有楔石，仿佛踏入 17 世纪风格主义的殿堂一般。西面由三扇立体的方形网格窗户构成；南面，马金托什同样设计了类似的窗户，但却将它们安在用粗灰泥涂抹的厚墙上，原本讲究的对称性却被一截截短短的烟囱打破了。然而，这种温室大棚般的悬臂梁正适合种植花朵。

图书馆外观的设计体现了马金托什对苏格兰宏大的建筑风格的痴迷。他在英国海伦斯堡的另一件代表作——希尔住宅（Hill House，1902—1903）的设计中也运用了相似的风格。他设计的建筑有着开放的平面和光鲜的内饰。他虽对现代建筑抱有幻想，却在设计完艺术学院之后再没有重大的突破。不受国人重视的马金托什，对建筑领域的幻想破灭。于是他迁居法国，全身心地投入水彩画的创作。

上图： 查尔斯·雷尼·马金托什，1922 年。

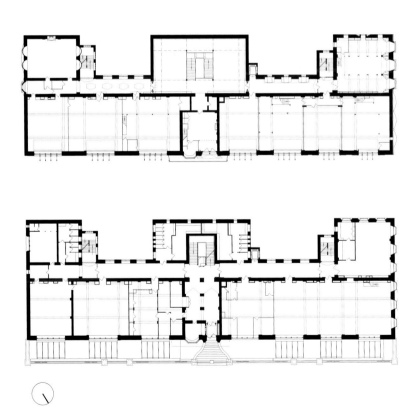

查尔斯·雷尼·马金托什

上图： 位于海伦斯堡市的希尔住宅（1902—1903）有着苏格兰宏大的风格的建筑外观，其精湛的建构形式巧妙地反映出了空间结构。

对页： 格拉斯哥艺术学院的第一阶段建筑完成于 1899 年，马金托什将新艺术风格的细节融入具有工业感的实验室设计。右侧图书馆翼立面（1909）上凸出的窗户形成了室内"笼中光线"的效果，成为马金托什的成名作之一。

希尔住宅的室内出人意料的宽敞明亮，随处可见的是马金托什富有创造性的精致细节与家具装饰。

- **1868** 出生于格拉斯哥
- **1890** 获得亚历山大·汤姆森旅游奖学金，用以学习"古代经典建筑"
- **1900** 与艺术家玛格丽特·麦当劳（Margaret McDonald）结婚
- **1901** 在德国艺术杂志举办的"艺术爱好者之家"竞赛中获奖（建筑于其逝世后建成，1989—1996）
- **1916** 为 W.J. 巴赛克·洛克（W.J. Bassett-Lowke）在北安普敦设计了毕生最后一幢建筑
- **1923** 因为经济原因迁居至法国的旺德尔港
- **1928** 于伦敦逝世

贝伦斯的私人住宅建于 1902 年，位于达姆施塔特市，虽是著名的艺术新村

"设计不是装饰功能区域,而是与事物自身特质相结合或展现新兴技术的一种创作行为。"

彼特·贝伦斯

1868—1940

德 国

1899年,作为画师的彼特·贝伦斯(Peter Behrens)受到黑森大公(Grand Duke of Hesse)的邀请,来到达姆施塔特艺术新村。三年之后,他在那里修建了自己的私人住宅。这栋建筑看上去似乎是彻彻底底的新艺术风格,历史学家尼古拉·佩夫斯纳称赞"它有着新艺术风格刚柔并济的曲线"。

"阳刚"的部分完成得十分顺利。1905年,他为奥尔德堡展览会(艺术和贸易展销会)建造的艺术大厦采用了简约的古典风格,外观上没有一条曲线。贝伦斯与德国文化圈中的进步力量结盟后表示,自己正在致力于"将空间结构进行数学计算,以确保其精准性"。1907年,他被德国通用电气公司(AEG, Allgemeine Elektricitäts Gesellschaft)聘请担任设计顾问,这个职位给了他主持整栋办公大楼从信笺到电水壶的每一处设计的特权。次年,贝伦斯开始设计AEG公司位于柏林市的涡轮机厂(Turbine Factory, 1910),而这栋建筑也成了他的代表作。

巨型涡轮机的组装工厂采用大量的钢结构搭建框架,这听起来似乎并不简约,但在当时,涡轮被誉为现代电能使用的典范。并且,由于处于AEG公司的拐角位置,这栋崭新的建筑便成了综合设备的展示区。工厂建设分为两个阶段,总长度超过207米(679英尺)。就这样,整个街区当时最庞大的钢结构框架就这样一根一根按照机械作业的标记拼接而成。然而,与铁质结构框架形成鲜明对比的是,贝伦斯希望向世人展示公共建筑物的质感,因此并没有刻意将钢管和玻璃框架隐藏起来。

工厂的侧面,倾斜的玻璃和混凝土板沿着逐渐变窄的框架铺开,确保了建筑物的稳固。工厂的正面好似庙门,混凝土板包裹着边边角角,垂直而下的是玻璃钢墙,顶上支撑着一面多边形的山形墙。然而与视觉相反的是,玻璃钢墙并不能承受重量。但贝伦斯却对"建筑的真理"没有丝毫兴趣,而是把原本实用型的工厂建得颇具传统的古典气息。在贝伦斯看来,工业建筑只有被赋予古典主义精神,才能真正实现不朽与永恒。

贝伦斯为AEG公司还有其他一些公司设计了许多工业设施。除此之外,他还设计了新型电器设备,如电水壶、路灯等。1926年,一座被命名为新风格的早期国际风格的住宅在北安普敦建成。在战前时期,他的事务所被看作是欧洲最重要的地方,吸引了工业时代的一大批建筑师,其中包括瓦尔特·格罗皮乌斯(Walter Gropius)、路德维希·密斯·凡·德·罗和后来的勒·柯布西耶。

上图: 彼特·贝伦斯,1901年。

彼特·贝伦斯

对页上图： 贝伦斯的代表作——建于 1910 年的柏林市大型涡轮机厂，融合了古典主义形式和钢结构框架。

对页下图： 1930 年，贝伦斯为著名心理学家库尔特·勒温（Kurt Lewin）设计的位于柏林市的住宅是一幢通体白色的建筑。这种立方体的建筑形式被称为"国际风格"。

上图： 1902 年为 AEG 电器公司设计的电水壶。这一设计预示着"功能主义"风格的出现，且后期受到德意志制造联盟（Deutscher Werkbund）的推崇。

- 1850
- 1860
- 1868 出生于汉堡
- 1870
- 1880
- 1890
- 1899 加入位于达姆施塔特市的艺术新村
- 1900
- 1902 搬入达姆施塔特市自己设计的住宅
- 1907 被德国通用电气公司（AEG）聘请担任设计顾问，德国工业联盟创始人之一
- 1910
- 1920
- 1930
- 1940 于柏林去世
- 1950

"对于建筑体积的规划设计，无疑是建筑学的一场伟大革命。"

阿道夫·路斯

1870—1933

摩拉维亚（捷克共和国）

　　虽然阿道夫·路斯（Adolf Loos）被称为现代主义建筑的先驱者——他设计的斯坦纳住宅（Steiner House，1901）似乎极具预见性，并且他于1925年在巴黎为达达主义领袖特里斯坦·查拉（Tristan Tzara）修建的住宅更是一次彻底的创新——但他依旧是谜一般的人物。这种简朴的纯白色融入朴素的外观，将丰富多彩的内在世界隐藏起来。然而他并没有采用现代主义设计中流畅的连续空间，而是早已酝酿出了一种更为强烈的表现方式——空间体量设计。他认为，建筑不仅仅要进行面积上的划分，更需要进行体积上的划分。他强调："我设计的不是平面，不是外墙，也不是截面，我所做的是空间上的设计……每个房间都需要有具体的高度……因此，每层的层高也会有所不同。"

　　布拉格市穆勒住宅（Müller House，1930）的翻新，足以揭示他这种设计的复杂性。整个建筑围绕中心楼梯展开，虽然平面设计保留着传统的风格，但是变化多样的层高使得整栋楼如同迷宫般错综复杂。每一间房间都是分开完成的，并且使用的材料在路斯看来都"十分雅致"。路斯的这种设计理念是受德国建筑师戈特弗里德·森佩尔（Gottfried Semper，1803—1879）的影响，他坚持认为人类的首个包含"空间元素"的分割设计是由悬挂着的动物皮毛或挂毯实现的，因此包裹着的墙壁理应唤起人类最原始的风格。路斯喜欢将质地精良的石块和木块黏合在一起，用来营造独特而舒适的房间，并且这种设计通常具有性别区分，比如（供男士使用的）图书馆会使用深色的红木，而女士的闺房则会使用光鲜的柠檬木。

　　在这栋位于维也纳市迈克尔广场（Vienna's Michaelerplatz，1910），被后人称为路斯大楼（Looshaus，1910）的建筑里，路斯将钢筋混凝土框架运用得极为巧妙。框架只在背面露出，并且用网格玻璃和瓷砖作为填充。此外，他甚至设计了一个平滑的电梯槽——这极有可能是最早的范例。对于建筑物正面的设计，路斯同样采用了一贯的内部装饰原则。这栋建筑是为戈德曼与萨拉奇公司（Goldman & Salatsch）设计的，这是一家男士旅行商品贸易公司。建筑上层部分的公寓外墙用石灰水粉刷，而底部公共区域的门廊则用包裹着上乘绿色云母大理石的木块作为支撑。每一根立柱都长短相同、粗细均匀，并且象征性地依次排开。这些从采石场获得的新鲜石材伫立在大楼外，强调了大楼的严肃性，与古典风格彻底区分开来。

　　路斯在建筑设计领域中的重要成就是无可替代的。对他来说，绘制设计图纸是必不可少的，他对传统工艺的传承充满了激情。他常说自己是一位工匠而非设计师。在用CAD制图的今天，他的做法极富影响力。

对页： 布拉格的穆勒住宅（1930），立方体的外观和均匀对齐的窗户掩饰着室内复杂的房屋错层。

上图： 阿道夫·路斯，大约拍摄于1929年。

阿道夫·路斯

上图： 位于维也纳的路斯大楼（1910）的门廊前排列着质地精良的绿色云母大理石柱，而上层则采用了实惠的材料，连窗户也毫无修饰。

对页上图： 位于维也纳市的斯坦纳住宅（1910）有着平实的外观，而这恰恰预示着抽象的国际风格。

对页下图： 位于布拉格市的穆勒住宅（1930）是路斯的代表作。在此，路斯进一步发展了他的空间量体设计，为每一个房间设计空间并挑选建材。

- 1850
- 1870　出生于摩拉维亚（现在的捷克共和国）布尔诺
- 1880
- 1890　开始在德累斯顿顿技术学院学习
- 1893　前往美国旅行，并在那里度过了三年
- 1896　返回维也纳，结识路德维希·维特根斯坦（Ludwig Wittgenstein）和阿诺尔德·勋伯格
- 1900
- 1903　创立了《彼佳杂志》（Das andere），但只成功发行了两期
- 1910　出版论文《装饰与罪恶》（Ornament and Crime）
- 1920
- 1930
- 1933　于维也纳去世
- 1940

> "我像蜘蛛一样,握住传统的主线,以之为起点,才能编织自己的网络。"

约热·普列赤涅克

1872—1957

斯洛文尼亚

约热·普列赤涅克(Jože Plečnik)是古典主义传统最独特的现代样本。在捷克斯洛伐克独立(1918)后,他将布拉格城堡改建成总统官邸(1918—1934)。他的作品有纪念碑、雕塑、重修的花园和庭院,以及重大的新式内部空间设计等,其中包括以三层抽象的多立克式立柱而闻名的普列赤涅克大厅(Plečnik Hall, 1930)。

普列赤涅克的思想深度体现在连接第三庭院(Third Courtyard)和城堡花园(Rampart Garden, 1927—1931)的楼梯设计中。伸入庭院的顶篷预示着结构的脆弱——铜片像布一样,用铆钉固定铜片,然后覆盖在木质的横梁上,并且在横梁上悬挂着四只铜牛。顺势而下的楼梯设计中,他穿插了狭长而平坦的着陆区作为缓冲。这种结构是受到了德国建筑师戈特弗里德·森佩尔理论的启发,他认为,在古代的建筑中,木质和石质建筑中间是以金属作为衔接的。封闭的粗面砌筑墙体下暗藏着堆砌的圆木,楣梁表面则镀了一层铜——铆钉的位置和镀铁结构类似。这种单排立柱支撑的设计形式与古典主义风格相悖,但节约了资金。

普列赤涅克在布拉格工作时,应邀设计了威隆拉第郊外主广场上的圣心大教堂(Church of the Sacred Heart, 1920—1931)。为了凸显教堂西侧的威严与不朽,他将钟楼的正面设计成了42米(138英尺)高的矩形,釉光闪闪的斜面上镶嵌着硕大的钟面和十字架,而两侧则伴有锥形的标塔。

教堂的主体部分是用烧结砖和形成对比的石块建造的。高处和门窗的位置用白色石膏打底。此外,森佩尔似乎再次一语中的,他提到,古人在特殊场合,会用纹理来为建筑增添重要性。此处,普列赤涅克的白墙设计,似乎给教堂穿上了"貂皮大衣",颇具皇室象征性。而丰富的纹理砖墙代表着主教的长袍。

1920年,回到卢布尔雅那市后,普列赤涅克设计了著名的三桥(Three Bridges)和河边的市场大厅,还有许多小型设计及一栋主要建筑——国家图书馆(National Library, 1941),那"交织的纹理"同样归功于森佩尔。歪歪斜斜的砖石点缀着看似随机摆放的石灰石,营造出抽象的喀斯特地貌景观。

长期被主流建筑史学忽略的普列赤涅克,直到20世纪80年代被重新发现后才被后现代主义者奉为先驱。然而,他对传统的传承似乎与他人不同:他的作品中虽然充满着个性化的元素,但他的创作却深深扎根于建筑工艺本身。

对页: 位于卢布尔雅那市的国家图书馆墙面抽象地展现了斯洛文尼亚著名的喀斯特地貌。

上图: 约热·普列赤涅克,1936年。

约热·普列赤涅克

- **1872** 出生于卢布尔雅那市
- **1899** 在奥托·瓦格纳（Otto Wagner）办公室工作过几个月，设计维也纳的轻轨；在维也纳开始建筑设计生涯
- **1900** 在密苏里州的圣路易斯市获得世界博览会的金牌
- **1904** 返回布拉格，担任应用美术学院院长
- **1910**
- **1911** 担任布拉格城堡（Prague Castle）翻新项目的首席设计师
- **1920**
- **1921** 就职于新成立的卢布尔雅那建筑学院
- **1957** 于卢布尔雅那逝世，并在扎勒披授予国葬之礼

下图： 布拉格城堡（1930）中的普列赤涅克大厅，展现出普列赤涅克不拘泥于传统、创造性地使用古典主义建筑风格的设计理念。

底图： 布拉格城堡中封闭的粗琢砌筑墙体，为通往城堡花园（1927—1931）的楼梯搭建了框架，体现了圆木结构的设计。

上图： 布拉格市圣心大教堂（1920—1931）的白色墙体配上纹理多样的砖石，仿佛给教堂穿上了"大衣"。

左图： 卢布尔雅那市的国家图书馆阅览室内，书架上方倾斜着的飞檐下包裹着暖气片，细长的栏杆则是由煤气管道做支撑。

巴黎富兰克林路 25 号公寓（1903）有着暴露的结构框架，是最早采用钢筋混凝土结构建造的公寓。

"建筑是建筑师的母语。"

奥古斯特·贝瑞

1874—1954

比利时

1897年，法国建筑承包商弗朗索瓦·埃纳比克（François Hennebique）将钢筋混凝土结构的专利转让了出去。而克劳德-玛丽·贝瑞（Claude-Marie Perret）在建筑师儿子奥古斯特·贝瑞（Auguste Perret）的要求下，成了"钢筋混凝土承包商"——这是品牌信誉的标志。作为巴黎艺术学院（École des Beaux Arts）的学生，奥古斯特却认为自己未来的建筑生涯不能依赖于理论的学习，而应该在实践中摸索。1897年，尚未毕业的他离开了学校。

钢筋混凝土让贝瑞在理想而丰满的形式和极富表现力的结构中找到了理论上的平衡点。位于巴黎富兰克林路25号的公寓（1903）不仅是最早一座将工业建筑中钢筋混凝土结构应用于公寓的建筑，也是建筑结构雄辩的胜利。整个框架清晰可见，并没有包裹在更加"精良"的材料中，结构框架和填充材料之间的区别一目了然。

如果富兰克林路上的那栋公寓有着"哥特式"建筑的风采，那么由新成立的贝瑞兄弟公司于1905年建设的位于庞泰露路的车库则是一栋纯粹的钢筋混凝土建筑（尽管如此，建筑的正面还是会让人不禁想起古典主义风格）。伸展的支墩暗示着工程的浩大，天窗和简易的檐板则继承了传统柱上楣构的设计风格。

在建设位于勒兰西的圣母教堂（Church of Notre-Dame, 1922—1924）时，贝瑞融合了希腊和哥特式的建筑原理，用半圆形和三角形的木块建造而成的立柱既有古希腊柱式风格又有哥特式的韵味。立柱并非紧挨着墙壁，而是营造出一种"森林效应"，被法国哥特主义奉为至高无上的荣耀。这些构造虽然精妙，但还是比不上"点彩派画家"莫里斯·丹尼（Maurice Denis）的彩色玻璃花窗，这些窗户用混凝土作为边框，当光线透过玻璃照射进来时显得熠熠生辉。

曾与贝瑞共事（1907—1908）过的巴黎新式建筑先驱勒·柯布西耶认为，雷努阿尔路公寓大厦（apartment building in rue Raynouard, 1932）则显得极为过时。但是，和他晚期的代表作一样，国家公共工程博物馆（National Museum of Public Works, 1937）凝聚着贝瑞对建筑结构的深刻思想。他用粗面石工的方法表现了原位聚合的混凝土结构，这与预制工作的顺利完成形成了鲜明的对比。贝瑞没有使用柯布西耶式的"带状"窗户，认为不适合住宅需求。他这栋两层的办公室采用了许多连续的平板玻璃作为填充，铰链式双扇门内开窗户则是传统的法式风格。对贝瑞来说，这不但维系了传统，还昭示着人类的存在。

上图： 奥古斯特·贝瑞，1952年。

奥古斯特·贝瑞

出生于伊克塞尔,靠近布鲁塞尔

与兄弟古斯塔夫(Gustave)和克劳德一起,将父亲的建筑工程公司转型为新兴钢筋混凝土企业。

| 1860 | 1870 | **1874** | 1880 | 1890 | 1900 | **1905** | 1910 |

左图： 位于巴黎附近的勒兰西圣母教堂（1922—1924），彩绘玻璃配上混凝土框架，阳光照耀时显得如"照片"般生动。

上图： 位于庞泰露路的车库，虽受到古典主义影响，但却是一栋典型的"纯"钢筋混凝土结构建筑。

"建筑即为装饰。"

艾琳·格雷

1878-1976

爱尔兰

1917年，英国《时尚》（Vogue）杂志曾这样介绍艾琳·格雷（Eileen Gray）的作品："虽受现代主义的影响……但她却显得独特而孤傲，有着独树一帜的表达方式。"那时候，格雷刚从巴黎回到伦敦，在那里，曾是学生的她爱上了一位日本漆器工艺师。《时尚》杂志称她为"漆器艺术家"。但是之后她又因家具设计而名噪一方——有些家具仍然在生产，其中包括性感的必比登椅（Bibendum chair）和优雅的可调节管状玻璃桌。1923年，格雷在巴黎艺术沙龙（Salon des Artistes Décorateurs）展览上设计的蒙特卡洛的闺房（Monte Carlo Boudoir）仅仅是她眼中"现代奢侈品"的一个缩影。于是，她最终成为一名建筑师。

格雷的客户多为名门贵族，并且大多请她进行室内设计。她华丽的风格很容易被归纳为装饰艺术，并且装饰风格极其前卫。较之别人，她很受勒·柯布西耶和法国建筑师罗伯特·马莱特-史蒂文斯（Robert Mallet-Stevens，1886—1945）的推崇。当她开始建造位于马丁角的私人住宅（完成于1929年）时，她再次为世人献上了一件珍品。她将其命名为E.1027——将这一份神秘的礼物献给她的知己让·伯多维西（Jean Badovici），《活着的建筑》（L'Architecture Vivante）杂志的编辑，这些数字代表了他姓名首字母的序号，分别是第10和第2个字母。

格雷严格地根据海岸岩石地貌的差异性，将这栋两层楼的建筑因地制宜地设计成了一处海滨花园，是现代"栖居地"和大自然诗意的融合。虽然没有勒·柯布西耶的设计那样严谨缜密，但房屋具有全面而复杂的功能，并且配备了新颖有趣的家具。一切都源于丰富的想象力，似乎想要涵盖日常生活的每一个元素：推拉门和旋转门用于分区，家具都能随意拆分组合以满足不同的需求。她设计的经典的边桌，高度正适合放在沙发旁或者床头，是用以摆放书籍或热茶壶的最佳选择。

格雷在海边的卡斯泰拉为自己建造了一间小屋——Tempe à Pailla。这栋建筑没有像E.1027那么诗意，但却以很高的空间利用率而闻名。她设计的便携式家具有可折叠的S形椅子、双面抽屉。回顾E.1027，她说道："我们必须摆脱过去的束缚才能重新获得思想的自由。随即而来的冷嘲热讽只是暂时的。有必要重新认识到人类是可塑的，而且人类将会生活在物质的外表下，以及现代生活的悲痛中。"

上图： 艾琳·格雷，1926年。

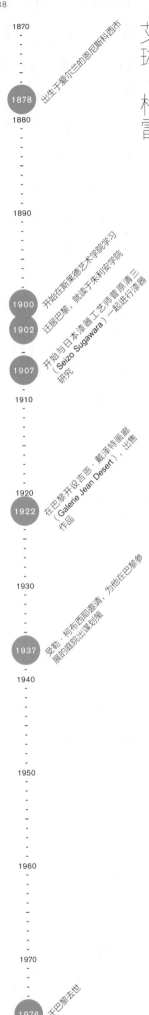

艾琳·格雷

- 1878 出生于爱尔兰的恩尼斯科西市
- 1900 开始在斯莱德艺术学院学习
- 1902 迁居巴黎,就读于朱利安学院
- 1907 开始与日本漆器工艺师菅原清三(Seizo Sugawara)一起进行漆器研究
- 1922 在巴黎开设吉恩·戴泽特画廊(Galerie Jean Desert),出售作品
- 1937 受勒·柯布西耶邀请,为他在巴黎参展的庭院出谋划策
- 1976 于巴黎去世

上图: E.1027 住宅的室内是一处诗意的"栖居地",配有方便舒适的家具和精心设计的装饰。

下图: 在 E.1027 住宅里,可以通过推拉式隔断和折叠式家具实现多种功能的转变。

对页下图: 1923 年为巴黎艺术沙龙设计的蒙特卡洛的闺房,这仅仅是格雷眼中"现代奢侈品"的一个缩影。图为劳尔·杜飞(raoul dufy)的手工彩绘。

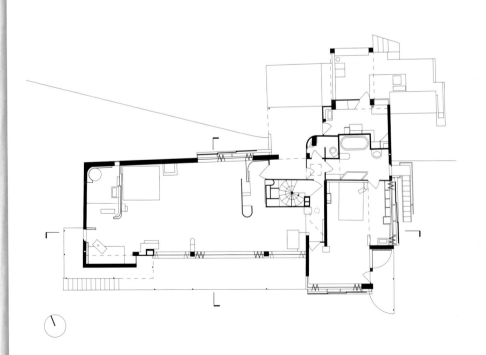

上图： 格雷最早因家具设计而出名，她 1925 年设计的必比登椅——一张休闲椅——成了现代的经典之作。

"光线和色彩，能给人带来愉悦感。"

布鲁诺·陶特

1880—1938

德 国

1910 年，布鲁诺·陶特在柏林开创了自己的建筑设计事务所。同时，在作家、建筑师赫尔曼·穆特修斯（Hermann Muthesius，1861—1927）的引荐下加入德国工匠协会，其成员包括瓦尔特·格罗皮乌斯，并且推荐他去英国学习园林设计。1912 年，他受委派设计位于柏林格罗瑙的法肯贝格住宅区：该建筑被称为"颜料盒房屋"，是因为陶特大胆的用色，他把"大自然带进了城市"，并且每栋房子都设计得与众不同。

陶特受德国玻璃工业协会委托，为 1914 年第一届科隆工业联盟博览会设计玻璃亭，以展示玻璃在建筑设计中的发展前景。结果，尝试性的梦幻"玻璃建筑"设计竟成了德国表现主义思潮的中心。玻璃亭的柱上楣构上刻着同年出版的表现主义诗人保罗·西尔巴特（Paul Scheerbart）在《玻璃建筑》（Glasarchitektur）一书中的描述：房间通透而敞亮，"阳光、月光、星光透过墙面照射到房屋的每一个角落"，为我们提供了一种"全新的文化体验"，并且"玻璃环境"是"改变人类"的一种方式。

从外观上看，抛光面和穹顶的斜肋构架表现了几何图形本质的多样性——也许是凤梨、松果或者水晶。在陶特的思想中，玻璃亭是城市之冠，他坚信应当形成一个具有象征意义的大众焦点。遵循室内设计的准则，玻璃雕琢的墙面上倒映着磨砂玻璃的楼梯；建筑的内饰沐浴在彩色阳光下，倒映在七层阶梯瀑布中，这是从照片中很难反映出来的"宇宙"中心位置。

陶特对玻璃的热情集中体现在他的《阿尔卑斯山建筑》（Apline Architecture，1919）一书中，他奇思妙想，用彩色灯塔和玻璃结构装饰阿尔卑斯山脉，这是一件反战争破坏的不朽之作。同年，另一本书《彩色建筑的呼唤》（a Call for the Coloured Architecture）问世，该书的主题围绕 1927 年他为斯图加特展览而设计的白院聚落（Weissenhofsiedlung）展开。该建筑里里外外，每一处表面都绘制了不同的色彩，但结果却引发了人们的冷嘲热讽。因为这处彩色建筑被比邻的由路德维希·密斯·凡·德·罗设计的楼房反射出的红光所笼罩。

在纳粹分子的逼迫下，陶特离开了德国，1933 年他来到瑞士，然后又去了日本。在那里，他创作了三本关于日本建筑文化的极具影响力的著作。在书中，他将日本传统的简约设计与现代主义的理念进行对比。深受勒·柯布西耶、格罗皮乌斯及其他许多人的影响，陶特首次将西方建筑的风采运用到日本传统风格的建筑桂离宫（Katsura）的设计中。

对页： 柏林格罗瑙的法肯贝格住宅区（Falkenberg, 1916）。陶特大胆而张扬的用色方法史无前例。目前，这栋建筑已被联合国教科文组织（UNESCO）列为世界文化遗产。

上图： 布鲁诺·陶特，1925 年。

上图： 为 1914 年第一届科隆工业联盟博览会设计的玻璃亭，有着浑然天成的外观和"宇宙"中心般绚丽的内饰。

右图： 陶特在战争后出版的《阿尔卑斯山的建筑》(1919)一书中展现的玻璃结构与大自然融为一体。

柏林保罗-海泽大街的彩色房屋（1927）是一处典型的由陶特设计、柏林城市建筑师马丁·瓦格纳（Martin Wagner）指导建设的建筑。

布鲁诺·陶特

- 1870
- 1880 出生于普鲁士的魁尼西堡
- 1890
- 1900
- 1910 在柏林开创自己的建筑事务所
- 1919 出版《阿尔卑斯山建筑》
- 1920 被任命为马格德堡市的城市规划建筑师
- 1921 成为柏林市GEHAG住房合作社的首席建筑师
- 1924 任命为伊斯坦布尔市国立美术学院建筑学教授
- 1930 出版《日本房屋与人们》（Das japanische haus und sein Leben; tr. as Houses and People in Japan）
- 1936
- 1937
- 1938 在土耳其伊斯坦布尔去世
- 1940
- 1950

建成于 1932 年的位于巴黎一处庭院里的玻璃屋是一件 20 世纪获得极高荣誉的创造性作品。

"小实验不必用新材。"

皮埃尔·查里奥

1883–1950

法 国

皮埃尔·查里奥（Pierre Chareau）是一名船工的儿子，曾在巴黎艺术学院学习建筑。从1908年到1913年，他就职于巴黎的一家英式家具制造公司——韦林 & 吉洛公司（Waring & Gillow），其因对材料和细节的讲究在业内著称。第一次世界大战刚结束，他便为让·达尔萨斯博士（Dr Jean Dalsace）设计了一个书房—卧室两用间。这件作品被著名的秋季艺术博览会采纳，因而更加鼓励了他专注于家具与室内光线设计。查里奥的设计是将物质与形式独特而巧妙地融合起来——抛光的红木加上粗糙的"工业"金属，或者立体灯光配上传统的雪花石膏。

在巴黎的国际艺术装饰与现代工业博览会（1925）上，皮埃尔·查里奥设计了一间"法国大使馆内的办公室—图书馆"（Office–Library in the French Embassy）。有意思的是，博览会确定了以他的设计为主导，认为这是一种装饰艺术风格。让·达尔萨斯博士给他的第二项任务是在巴黎建设一栋将住宅和手术室相结合的房子，这便是日后大家熟知的玻璃屋（Masion de Verre，1932），这栋建筑是对风格派别的公然挑衅。他提到，这次"小小的实验"，注定会受人敬仰。

查里奥与荷兰建筑师伯纳德·毕吉伯（Bernard Bijvoet）携手将玻璃屋放回到庭院中，使其契入周围的建筑物。玻璃屋所有的立面都用大块玻璃制成，这种建造手法通常用于公共卫生间。他们设计了91厘米（36英寸）的面板模具，并且整个建设过程都在使用。实用性的材料和精致抽象的设计完美契合，这与内在的结构形成鲜明的对比。硕大的立柱取材于工业用钢，"工"形截面上涂着丹红色的颜料，并且表面镀成金色。建筑看起来工艺老套，仿佛是从19世纪的工厂里"穿越"出来的，然而贴着薄石板的地面宣示着事情并非如此。

室内充满创意的细节：书架般的双层扶手、可收起的航海楼梯、直接安装在金属管道上的开关。门是由一块弯曲的金属板制造而成的，仿制的浴室用打着孔的铝制弯曲板遮挡。查里奥称这幅作品为"出自工业化水准工匠之手的模型"，但这对工匠的精良手艺过于依赖。

查里奥并不一味追求业界所谓建筑本质的"整体完整性"。空间上，这栋房子更接近阿道夫·路斯的空间量体设计，而不是现代主义的大平层。并且查里奥对精良材质的热爱及对工艺技能的追求也同样让人回想起路斯。被人遗忘的玻璃屋直到20世纪80年代才被新一代设计师重新发现。此刻，他们再一次推崇用细节和材料作为丰富建筑设计的方式。

上图： 皮埃尔·查里奥，1925年。

上图： 玻璃屋采用大块玻璃做立面，用工业钢材搭建框架。

对页上图： 玻璃屋内满是富有创造性的细节，比如广泛应用于浴室的铝制穿孔屏风。

对页下图： 1925年，巴黎国际艺术装饰与现代工业博览会展出的"法国大使馆内的办公室—图书馆"确立了查里奥在艺术装饰界的模范地位。

皮埃尔·查里奥

- 1870
- **1883** 出生于波尔多市的造船家庭
- 1880
- 1890
- **1900** 被巴黎艺术学院录取,并在那里学习了8年
- **1908** 就职于巴黎的韦林 & 吉洛公司;1918年,在巴黎秋季艺术博览会上展出"书房—卧室两用间"
- 1910
- **1918**
- 1920
- **1929** 现代艺术家联盟创始人之一
- 1930
- **1940** 迁居纽约
- **1948** 利用美国军队的剩余材料设计罗伯特·马瑟韦尔(Robert Motherwell)画家工作室(被摧毁)
- **1950** 于纽约去世
- 1960

为包豪斯（Bauhaus）建造的新大楼（1926）是20世纪20年代德绍市的地标性建筑之一，它有着开阔的空间，并且带有国际风格。

"建筑始于工程所不及之处。"

瓦尔特·格罗皮乌斯

1883–1969

德　国

瓦尔特·格罗皮乌斯（Walter Gropius）曾为彼特·贝伦斯工作过三年，并且先后与路德维希·密斯·范·德·罗和勒·柯布西耶共事过。之后瓦尔特·格罗皮乌斯于1910年在柏林开创了自己的建筑事务所。第二年，他受邀重新设计位于阿尔弗雷德的法古斯鞋楦厂（Fagus Shoe Factory）。他在建筑中大量使用玻璃，由此产生的视觉光线效果前所未有，预示着20世纪20年代的"工业美学"。更加令人瞠目结舌的是他为德意志制造联盟设计的用玻璃围起来的旋转楼梯，这件展品于1914年科隆博览会展出。

1919年，格罗皮乌斯被任命创建由魏玛（Weimar）的艺术与手工艺学校及美术学院合并而成的包豪斯。中世纪工艺理念和整体艺术作品的融合对于传统的魏玛来说太过激进。在1923年第一届包豪斯展览之后，格罗皮乌斯开始为满足特殊需求的住宅做设计规划，选址在德绍市，一个进步而发展迅速的工业化城镇。

包豪斯的规划是将其功能区域分割成风车式的三部分，中间以一条道路连接。其中最为显著的是工作室区，它有着凹型的立柱和连续不断的网格玻璃，因而形成了一个宽敞的空间。白天的自然光将屋子照耀得熠熠生辉，晚上则像魔法盒子般璀璨夺目。从整体上看，这里是迄今为止功能主义建筑最引人注目的一件作品。从室内的配色方案到引导标识，从家具配置到摆放，都直观地展示了包豪斯的理念和实力。

批评家西格弗里德·吉提翁（Sigfried Giedion）称赞格罗皮乌斯的建筑是坚定的现代主义者的一次重大胜利。对于西格弗里德·吉提翁来说，其实现了所谓"时间—空间"在建筑中的"同步"："如同盘旋着的飞机，以及当代绘画中出现的'重叠'技巧所呈现出的视觉效果。"其还吸引了激进的戏剧导演厄文·皮斯卡托（Erwin Piscator）。1927年，他邀请格罗皮乌斯合作开发一种新型的歌剧院。当时皮斯卡托正在寻找一个多功能建筑来实现剧院为政治服务的愿景，于是格罗皮乌斯接受了这项挑战，然而工程最终未能成形，格罗皮乌斯于1934年逃离了纳粹德国。

1935年，也就是格罗皮乌斯离开德国前往哈佛大学担任教授的前两年，他完成了《新式建筑与包豪斯》（New Architecture and the Bauhaus）一书。该书虽然简短，但却极具影响力。"我们的理想，"他写道，"就是激发艺术家的创造潜能，让他们重新进入现实的平凡世界。"作为一位在美国的建筑师，格罗皮乌斯的教育理念影响了一代又一代的学生和老师，但是这些都无法超越他在德绍市的辉煌成就。

上图： 瓦尔特·格罗皮乌斯，1943年。

上图： 令人瞠目结舌的是他为德意志制造联盟设计的用玻璃围起来的旋转楼梯，于1914年科隆博览会上展出。

下图： 在包豪斯的设计中，对于形式和空间的抽象和垂直设计，都运用了创意的细节和装置，比如支撑管状灯的线性管道。

瓦尔特·格罗皮乌斯

出生于柏林

进入彼特·贝伦斯事务所工作

与古斯塔夫的遗孀阿尔玛·马勒（Alma Mahler）结婚（于1920年离婚）

被任命为魏玛的包豪斯体校长

1870　1880　**1883**　1890　1900　**1908** 1910　**1915**　**1919** 1920

法古斯鞋楦厂（1911）中玻璃的大量使用和随即产生的视觉光线效果预示着战后的建筑发展方向。

- 1934 逃往英国，并为 Isokon 集团工作
- 1937 接到哈佛大学的邀请，移居美国
- 1946 成立建筑师合作协会（TAC）
- 1956 获得英国皇家建筑师学会颁发的建筑学皇家金质奖章
- 1969 于马塞诸赛州次布里奇市去世

克利潘市的圣彼得大教堂（St Peter's Church, 1963），室内有着黑暗的拱形吊顶，建筑外观则是海绵般的窗户配上无框的双层玻璃。

"曲线亦可美丽，何必非是直线？"

西格德·劳伦兹

1885—1975

瑞 典

1915年，西格德·劳伦兹（Sigurd Lewerentz）开始和他的同事——瑞典建筑师贡纳·阿斯普朗德（Gunnar Asplund，1885—1940）合作绘制斯德哥尔摩的林地公墓（Woodland Cemetery）。他负责的大部分原始景观设计和复活教堂（Resurrection Chapel，1922）远远超越了现代古典主义风格的设计。1916年，在转型至功能主义之前，劳伦兹已经开始从事马尔默墓园的设计，当时国际风格在斯堪的纳维亚已经十分有名。他和阿斯普朗德两人共同被任命为1930年斯德哥尔摩博览会的建筑设计师。然而，他们之间存在不可调和的分歧，之后劳伦兹开始为一家金属窗户制造公司工作。

"二战"期间，劳伦兹受邀为马尔默设计建造两栋小教堂——鲍俊凯哈根市的圣马可教堂（St Mark's Church，1956）和克利潘市的圣彼得大教堂（1963）。他标新立异，尝试用朴素简约的风格进行设计，被证明是两栋非凡的用砖块堆砌的教堂。这两处教堂的设计反映了对路德教弥撒的重新定义。以牧师为中心，巴西利卡式的设计改成了全封闭的设计。由于劳伦兹对砖块的选择与处理，使建筑物展现出现代与古典并存的风貌。

按常规标准，圣马可大教堂的砖块似乎有些不同寻常：拼接砖块的砂浆并非以常规的方法被使用，因为这会使砖块间的缝隙变大，使砖块看起来仿佛漂浮着一般。克利潘市的城墙看上去格外传统，只有近距离观察才会发现劳伦兹所选的材料质地坚硬。外立面垂直拼接处的缝隙很大，部分是由砖块水平堆砌而成，时而凸起，时而墙面上会有门窗，但却是装饰，不能正真打开。

室内是一个封闭的区域，有着铺着砖块的地面、墙面。最值得注意的是有着钢质龙骨的穹顶，那是劳伦兹受孩童时期一艘玩具船的启发而设计的。入口处没有任何过渡，也没有任何立柱作为支撑。从外观上看，不知何处是入口。同样，主梁也与墙壁融为一体，看不出任何承重上的衔接。这些创新和引人注目的细节都是为了让建筑更加坚固。照片很难展现内部空间不可思议的幽暗与闭合。

虽然当时并不广为人知，劳伦兹晚期的教堂作品在20世纪80年代大受追捧，他的封山之作——马尔默公墓里的小花亭（1969）一样也是如此。这个亭子是由无边框的露石混凝土玻璃和单个铜质悬臂斜屋顶组合而成，内侧是巧妙的钢桁架、铝箔纸，外面覆盖着光电绝缘体，像是在钢筋混凝土之间生长的植物卷须。虽然这栋建筑很小，但看起来仿佛仍处于改造过程中。

上图： 西格德·劳伦兹，1973年。

本页： 虽然看似平常，但圣彼得大教堂的砖墙似乎因内部压力过大而凸起，砖块不进行切割处理，并且缝隙大小也不讲究。

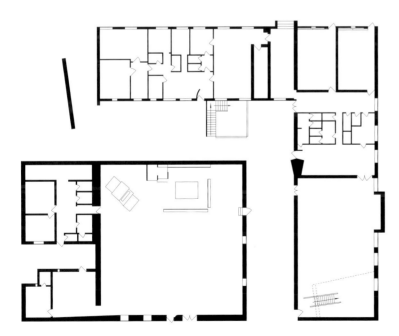

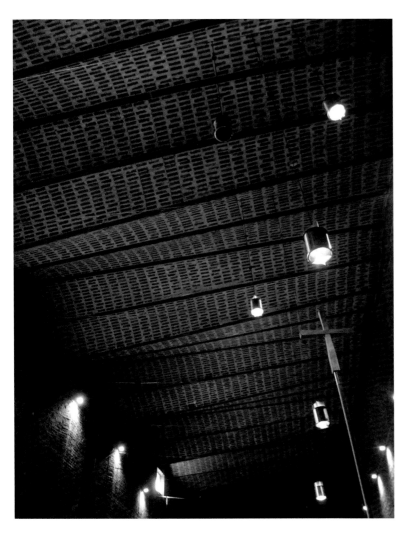

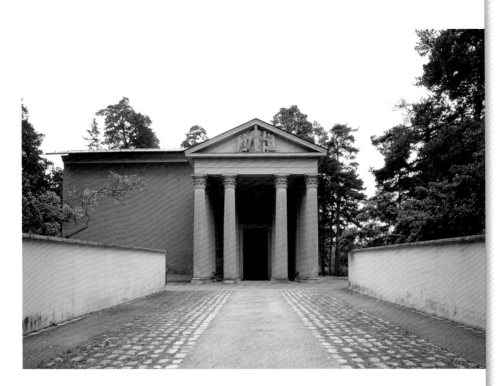

上图：在鲍俊凯哈根市的圣马可教堂的设计中，西格德·劳伦兹和工匠们一起在施工现场作业，以更加现代的方法使用砖块材料，屋顶则采用钢管营造出浅浅的波浪形拱顶。

下图：斯德哥尔摩市林地公墓的复活教堂（1922）是典型北欧古典主义风格的精良作品。

西格德·劳伦兹

1880

1885 出生于瑞典桑多

1890

1900

1905 在哥德堡的查尔姆斯理工大学学习机械工程

1909 在德国开始建筑生涯

1910

1911 在斯德哥尔摩开创自己的建筑事务所

1914 与贡纳·阿斯普朗德共同设计的斯德哥尔摩南部的墓园（林地公墓）获奖

1920

1930

1940 创办工厂，生产他个人设计的窗户和配饰

1950

1960

1970

1975 于瑞典隆德去世

1980

"少即是多。"

路德维希·密斯·凡·德·罗

1886–1969

德国

　　路德维希·密斯·凡·德·罗将"美"理解为"真理的光辉"。这句早期基督教神学家圣·奥古斯汀的名言，完美地概括了他对美学的领悟。密斯建筑的"真理"在于清晰地表达高科技的理念。

　　1919年至1924年间，密斯在理论项目上展示了这种理念。他设想用立面或玻璃墙面的摩天大楼来更加清晰地反映或揭示结构框架：没有什么能比它们建造的时间更长，超过了半个世纪。如果要建一栋住宅或办公大厦，他首先关注的是结构上的一致和用钢筋水泥制成的悬梁。然而，如果要设计一栋乡村的砖房，直角相接的墙体将空间分割开，其他区域则延伸到室外。

　　1929年，在巴塞罗那国际博览会上，密斯终于有机会不受功能和预算的限制，基本上根据自己的审美理念进行设计。他建造的临时德国馆是一件有着流动空间和精致材料的佳作，并被称赞为"本世纪最美丽的建筑"。这栋建筑的屋顶看起来像是漂浮在铬黄抛光的十字形立柱上，而平面则是用高品质的石块和玻璃制成，其中有彩色的、透明的，两者融合得光亮而自然，营造出了全新的感觉。

　　在捷克布尔诺设计的图根哈特别墅（Tugendhat house）也使用了类似的表现手法和建筑材料，但在阿道夫·希特勒掌控下的德国却很难拿到可观的报酬。密斯曾经管理过的包豪斯艺术学校也被迫关闭。最终，他离开德国前往芝加哥教授建筑课程，日后他执教的学校改建为伊利诺伊州理工学院。

　　生活在摩天大楼里的密斯开始研究钢结构框架的"实质"。"少即是多"的理念尤其明显地表现在玻璃钢结构的范斯沃斯住宅（Farnsworth House，1950）中。这座建筑纯粹的开放设计，展现了密斯所认为的展现自然与科技的融合是他所处时代的主要文化挑战的理念。

　　像860-880号芝加哥湖滨公寓（Lake Shore Drive apartments，1951）和优雅的纽约西格拉姆大厦（Seagram Building，1958）一样，他创造的建筑风格一开始便与美国企业界紧密相连，并常常伴随着他那张经典的巴塞罗那椅（Barcelona Chair，1929）传遍世界各地。

　　密斯的后期作品使他成为继安德烈亚·帕拉第奥（Andrea Palladio，1508—1580）之后最具影响力的建筑师。但这个作品也损害了他的名声：作为企业效率的象征，其代表着匿名的官僚主义，依赖空调系统的玻璃塔及对所处周围建筑的漠视，很快就与日益增长的环境意识和后现代主义文化价值格格不入。

对页：美国企业的"风格标杆"纽约西格拉姆大厦（1958）裹着奢华的青铜外衣，是密斯的成熟之作。

上图：路德维希·密斯·凡·德·罗，1956年。他注视着两栋湖滨公寓（1951）的模型。

上图： 在1929年巴塞罗那国际博览会上，德国馆的流体空间设计使密斯享有盛誉。

右图： 位于布尔诺的图根哈特别墅有着宽敞的开放性生活空间。如果装上落地窗墙面，则可以转变成景观楼。室内配置着各种密斯设计的家具，其中包括经典的巴塞罗那椅（1929）。

左图： 位于花园内的范斯沃斯住宅（1950），底层架空的结构起到了防水的作用。这栋位于伊利诺伊州普莱诺的钢筋玻璃结构房屋闪烁着现代主义的光芒。

路德维希·密斯·凡·德·罗

- 1886 出生于德国亚琛
- 1908 开始了师从彼特·贝伦斯的四年学徒生涯
- 1925 与设计师莉莉·瑞奇（Lily Reich）交往
- 1930 担任包豪斯学校（1933 年被纳粹关闭）校长
- 1938 担任伊利诺伊州理工学院建筑系主任
- 1944 成为美国公民
- 1959 荣获英国皇家建筑师学会颁发的建筑学金质奖章
- 1969 于芝加哥去世

"既要实用又要生动，这的确是个挑战。"

埃瑞许·孟德尔松

1887—1953

波 兰

"一战"时期，埃瑞许·孟德尔松（Erich Mendelsohn）绘制了一系列惊人的新型建筑图纸，包括汽车制造厂、火车站、电影制片厂和天文台。其画法展现了"速度"之感，反映了孟德尔松从比利时新艺术派大师亨利·凡·德·威尔德（Henry van de Velde，1863—1957）身上习得的理念——建筑应当被看作是通过外表结构展现丰富内心力量的"生命体"。

被誉为表现主义派先驱的孟德尔松很快有了一个理想的任务——设计天文台，用以对阿尔伯特·爱因斯坦（Albert Einstein）关于重力可以改变光的颜色这一理论进行验证。爱因斯坦塔（Einstein Tower，1924）动态的外观，试图想要传达出仿佛是从地表"生长"出的景观一般的感受。而实用的电枢——被称为定天镜的垂直的轴壳体太阳能仪表，用于反射太阳光使光线照射到地下实验室。这样的构造与凭直觉进行设计的蓝色骑士艺术家团体 [Blaue Reiter(Blue Rider)] 有着密切的关联。该团体提倡"宇宙精神"，孟德尔松于1911年加入其中。

孟德尔松之后的作品都不及爱因斯坦塔的表现力丰富，但他仍然愿意通过动态的形式呈现天然的视觉效果。根据他助理的说法，这成为20世纪20年代德国最主要的实践——利用快速绘制图纸来构思设计。比如位于开姆尼斯的肖肯百货大楼（Schocken Department Store，1929），所有的规划元素都隐藏在装有固若金汤的落地玻璃的底层临街面，而孟德尔松把位于柏林市的环球影院（Universum Cinema，1928）的带状内室比作电影的动态平移相机。

孟德尔松于1933年离开德国前往英国，在那里他很快与俄裔建筑师塞吉·希玛耶夫（Serge Chermayeff，1900—1996）成为患难之交，并且迅速凭借位于贝克斯希尔的德拉沃尔馆（De La Warr Pavilion，1935）而获奖。这栋建筑迅速成为英国现代主义风格的典范，悬臂式的钢筋混凝土结构旋转楼梯一路盘旋而上，周围是环形玻璃带设计。这一场景常常出现在电影或电视中，这也使得这栋建筑更加出名。

孟德尔松之后的设计集中在当时英国委任统治的巴勒斯坦地区（1922—1948）。虽然这片土地被认为是国际主义风格的沃土，但孟德尔松意识到需要增添一些与气候和文化传统相适应的元素。在选址上颇受关注的位于斯科普斯山（Mount Scopus）的哈达萨医院与医学院（Hadassah Hospital and Medical School，1939）的建设中，他强有力地证明了现代和传统可以完美地融合在一起。从远处看，排列有序的宿舍群仿佛地质形态一般，但内在却是一个从石质建筑传统和隐藏在耶路撒冷附近城市空间中抽离出来的世界形态。

对页： 位于贝克斯希尔的德拉沃尔馆（1935）内全方位的玻璃旋转楼梯设计成为现代主义建筑的象征。

上图： 埃瑞许·孟德尔松，1930年。

对页： 位于德国波茨坦的爱因斯坦塔很快赢得了表现主义风格杰出代表作的美名。

下图： 位于德国开姆尼斯市的肖肯百货大楼（1929）有着夸张的玻璃拐角和连续的玻璃橱窗，被誉为新建筑风格的典范。

上图： 位于斯科普斯山的哈达萨医院与医学院（1939）的建设体现了现代和传统的完美融合，并且与当地的传统与气候相适应。

埃瑞许·孟德尔松

- **1887** 出生于普鲁士的奥尔什丁
- **1912** 毕业于慕尼黑理工大学建筑学专业
- **1915** 与大提琴演奏家路易斯·马斯（Luise Maas）结婚，并结识爱因斯坦塔的委托方
- **1924** 与路德维希·密斯·凡·德·罗和瓦尔特·格罗皮乌斯建立艺术家团体
- **1935** 在耶路撒冷开创建筑事务所
- **1941** 迁居美国，并于加州大学伯克利分校执教
- **1953** 于旧金山去世

"计算和发明让一切皆有可能。"

勒·柯布西耶
（查尔斯 - 艾杜阿·江耐瑞）

1887–1965

瑞　士

　　作为现代建筑的倡导者，勒·柯布西耶（Le Corbusier）同时也是一位多产的作家、城市规划师和画家。他对机器时代新建筑的愿景和他的"房屋是居住的机器"这一理念都完美地呈现在他的设计中，并在位于法国普瓦西的萨伏伊别墅（Villa Savoye，1930）设计建造中达到了巅峰。

　　勒·柯布西耶对别墅的设计受到了世界远洋游轮构造的启发，这表现在他的著作《走向新建筑》（*Towards a New Architecture*，1923）中，这可以说是自安德烈亚·帕拉第奥《建筑四书》（*Four Books of Architecture*，1570）以来最具影响力的建筑书籍。在专栏中他写道，他用狭长的窗户带编织出了一个"自由平面"框架。别墅的整体，从入口到屋顶花园都建在一个用钢筋建成的斜坡上，使一幅幅如画的美景贯穿整个空间。

　　别墅的垂直分层结构大规模应用于18层的马赛公寓（Marseille，1952）。然而，在勒·柯布西耶的设计中，抽象的平层、光滑的表面和修长的立柱都被雕塑形式及粗混凝土所取代，而这些日后都被大范围地效仿。

　　此外，Jaoul别墅的建成使勒·柯布西耶的影响力大增，这栋别墅采用了传统的拱顶和"朴素"的砌砖结构。而这种构造方式在朗香圣母教堂（1954）的建设中使用得更为普遍。这归功于勒·柯布西耶的画作和他对自然形式的钻研。朝南的墙面上零星地点缀着建筑师自己的手绘玻璃作品；地面与大地浑然一体，缓缓地向圣坛倾斜，屋顶仿佛漂浮在微弱的灯光之中。

　　位于法国里昂的拉图雷特修道院（La Tourette，1960）是勒·柯布西耶的第二件宗教题材作品。建筑师对标准的修道院形式进行了修改："修道院回廊"设计为屋顶人行道，公共设施设计在卧室区域之下，以十字形的排列方式布置在人行道的斜坡之上。小礼拜堂的一个矩形空间被四周狭长的烛光点亮，与点着三个"灯光大炮"、被蜿蜒破旧的墙体包围着的洞穴般的侧礼拜堂形成对比。

　　在1952年至1959年间，从为印度旁遮普省的新都昌迪加尔做设计规划开始，勒·柯布西耶创造了一系列公共建筑。建筑群的主殿都是冷却塔或立柱的形式，这也成了他主要的建筑成就。他最后的作品是位于苏黎世湖边的一座小博物馆（1967），是在他去世后建成的。这是一栋以钢铁、玻璃和搪瓷板为原材料的混凝土结构的杰作。

　　通过勒·柯布西耶的八卷本《完成之作》（*OEuvre Complète*），他的建筑、工程和理念才得以被世界认可，并且在他去世50年之后仍然是艺术家们的灵感之源。历史将印证他在建筑学上做出的卓越贡献。

上图： 勒·柯布西耶，1938年。

上图： 位于法国普瓦西的萨伏伊别墅（1930）是勒·柯布西耶"房屋是居住的机器"这一理念的缩影。

左图： 朗香圣母教堂的外观如雕塑，内部却有着罕见的力量感，仿佛来源于这雄伟的南墙上的万丈光芒。

对页上图： 勒·柯布西耶的建筑愿景"在阳光中将立柱娴熟正确地排列开"，恰恰呈现在里昂的拉图雷特修道院（1960）中。

对页下图： 勒·柯布西耶设计的最后一栋建筑是位于苏黎世（于1967年揭牌）的个人作品博物馆。这一次，他改用了钢铁材质，并用这种他之前很少采用的材料设计出绚丽夺目而又富有创意的设计。

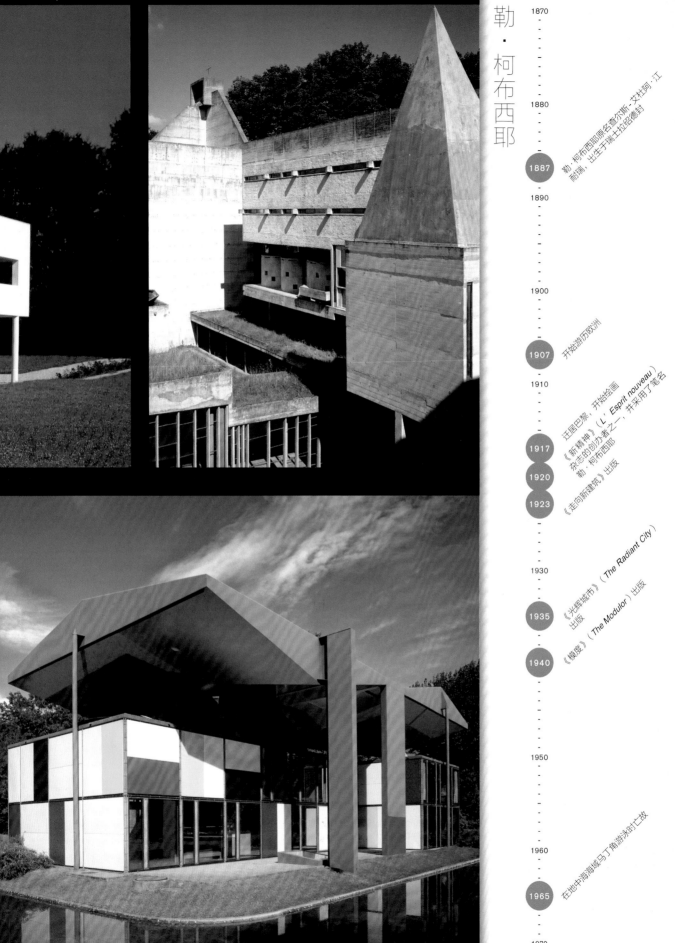

勒·柯布西耶

- 1887　勒·柯布西耶原名查尔斯-艾杜阿·江耐瑞,出生于瑞士拉绍德封
- 1907　开始游历欧洲
- 1917　迁居巴黎,开始绘画
- 1920　《新精神》(*L'Esprit nouveau*)杂志的创办者之一,并采用了笔名勒·柯布西耶
- 1923　《走向新建筑》出版
- 1935　《光辉城市》(*The Radiant City*)出版
- 1940　《模度》(*The Modulor*)出版
- 1965　在地中海海域马丁角游泳时亡故

虽然红蓝椅（Red and Blue Chair, 1917）是里特维德的独立设计，但却成了荷兰风格派的象征。

"实际上，建筑所创造的是空间。"

格里特·里特维德

1888—1964

荷 兰

格里特·里特维德（Gerrit Rietveld）在他做家具生意的父亲手下当学徒，并于1911年独立经营了一家家具店。1917年，格里特·里特维德没有意识到荷兰先锋艺术派的崛起，独立创作了红蓝椅，比法国画家皮特·蒙德里安（Piet Mondrian）早两年构思出这种网格样式的椅子。里特维德的红蓝椅成了前卫风格派艺术现成的宣言。

在自学建筑设计之后，里特维德开始为一位律师的妻子特鲁斯·施罗德-斯雷德太太（Truus Schröder-Schräder）建造住宅。在她丈夫过早离世之后，她决定建一栋房子，并邀请一些她喜欢的艺术家和知识分子与她的孩子接触。这栋位于乌得勒支的建筑选址并不起眼，是在砖房尽头的露台处。女主人希望可以眺望当时开阔的田园风光，享受美景，于是选择居住在二楼。为了绕开建筑法规，一楼按照传统规划，而楼上则被称为"阁楼"。

施罗德-斯雷德太太的"阁楼"于1924年完工，并成为首栋彻彻底底的现代住宅。连续的空间围绕着紧凑而蜿蜒的楼梯展开，光线透过平坦屋顶上的立方天窗洒满室内。藏在后方角落里的是特鲁斯的卧室，通过房间的折叠门可以进入客厅。屋子的其余空间可以完全敞开，也可以由薄薄的屏风划分开。

里特维德根据他在家具设计中探索出的审美原则进行了重新创作。窗框由不同颜色线条的木块组成，既可以完全关闭，又可以正面90°打开。此外，里特维德还为饰品和植物预留了位置，且室内家具不是内置就是出自他亲手设计。各种颜色的垂直板或平面板可以根据适当用途自由拆分、组合，使得每个空间都有所区分，但又没有完全限制。

对于里特维德来说，清晰和简约既是信仰的表达，也是艺术的手法。特鲁斯·施罗德-斯雷德太太对家庭的理解、女性在社会中的角色和个人所需要承担的责任，都对这栋住宅的设计极为重要。而里特维德的伟大之处在于，他创造出了将每一个小动作都赋予一份仪式感的空间环境。在此，关门、支起或收起桌子都被看作一种礼节。

除此之外，里特维德还有其他的经典作品——吊灯（约1922）和"Z"形椅子（1934）至今仍在生产，以及一些展览馆和建筑。为阿姆斯特丹设计梵·高博物馆（Van Gogh Museum）是他最重大的任务，但这项工程直到他去世都未能完成。而另外一幢房屋——斯图亚特避暑度假屋（Verrijn Stuart，1941）最值得关注。这栋住宅融合了传统与现代，似乎同样可以成为里特维德的代表作。

上图： 格里特·里特维德，1956年。

上图： 位于荷兰布勒克伦的斯图亚特避暑假屋（1941）融合了传统与现代，并且似乎奇迹般地与后现代主义有着千丝万缕的联系。

下图： 1934年设计的"Z"形椅，从20世纪20年代经典的弯管悬臂椅发展而来，是对建筑逻辑的挑衅。

对页： 位于乌得勒支的施罗德住宅（Schroder House, 1924）有着抽象的平面组合与灵活的空间布局，在当时是栋彻头彻尾的现代建筑。

格里特·里特维德

出生于荷兰乌得勒支	进入夜校学习，向建筑师P.J.C.克莱哈默（P.J.C.Klaarhamer）学习建筑绘图技法	成为艺术家团体的成员	在乌得勒支开创家具工厂	与建筑师奥·凡·杜斯伯格（Theo Van Doesburg）共同发起风格派运动（De Stijl）	红蓝椅作为"风格派"的展品在包豪斯展出	成为国际现代建筑协会的成员

1880　1888　1890　　1900　　1906　1910　1911　1917　1919　1920　1923　1928　1930

于乌得勒支去世

1950　　1960　1964　1970　　1980　　1990

这件为巴黎现代工业装饰艺术国际博览会（1925）建造的苏维埃宫（Soviet Pavilion, 1925）是围绕一个动态的对角线设

"创意就在那儿，人人都可以说'这是我的'。"

康斯坦丁·梅尔尼科夫

1890—1974

苏 联

两种对立的艺术意识形态在苏联后革命时代早期展开竞争。建构主义者更加强调作品中的材料基础，而至上主义者则看中形式和精神上的价值。后者成立了新建筑师协会，并且康斯坦丁·梅尔尼科夫（Konstantin Melnikov）作为其中的一员，承担了苏联在巴黎现代工业装饰艺术国际博览会（1925）上的革命理想和任务。

尽管这项工程预算拮据，并且只能用木材来表现新工业时代的审美，梅尔尼科夫却创造出了只有勒·柯布西耶才能与之媲美的新精神馆（Pavilion of the New Spirit）。梅尔尼科夫在矩形的宫殿里划出了一条对角线。在苏维埃审美哲学里，对角线是活力的终极象征：它使得内部和外部的渗透得以实现，从而营造出透视效果，正如俄国革命一般改变了人们的观念。

在莫斯科，梅尔尼科夫专注于设计工人俱乐部。1923年，苏共代表大会宣布，俱乐部必须成为"工人阶级中大众宣传和发展创造的中心"，他们的建筑设施主要是供集会时使用的大礼堂，并且礼堂应当包括一些演出的小房间、图书馆、阅览室、实践区（工作坊）和健身房。在梅尔尼科夫的五项建筑设计中，卢萨科夫俱乐部（Rusakov Club，1927）因其三块凸起且底层倾斜的空间而闻名。这些空间实际上是大礼堂倾斜的露台，巧妙的安排使它们可以分别充当小礼堂使用。

虽然苏联许多20世纪20年代的私人住宅在文化上都趋于保守，但唯一一栋广为人知的建筑是梅尔尼科夫在莫斯科自己的住宅（1929），他一直在那里生活到去世。这栋房子由两个设计独特的相交叉的圆柱体组成——他曾在一次工人俱乐部设计中有过失败的尝试。克劳德-尼古拉斯·勒杜（Claude-Nicolas Ledoux，1736—1806）在法国大革命后期设计的作品——俄国东正教教堂（Russian Orthodox churches）和美国粮食仓库（American grain silos），可能是梅尔尼科夫的灵感来源。

新奇的设计与后方的六角窗户相匹配，玻璃条有的是水平的，有的是倾斜的。这种独特的开窗法是通过一个巧妙的系统，使得标准的砖块变成类似于著名工程师弗拉基米尔·舒霍夫（Vladimir Shukhov）设计的钢铁网格。这使得梅尔尼科夫可以任意设计开拓空间，随即而生的光线效果引人注目。梅尔尼科夫用厚实而传统的家具装点他那具有颠覆性意义的房屋。这种超现实主义的氛围与现代建筑风格形成鲜明对比，使得人们难以将这栋建筑与外部的时代发展相联系。

上图： 康斯坦丁·梅尔尼科夫，1966年。

上图： 莫斯科梅尔尼科夫住宅（1929）内，双层工作室的底楼内景图。

对页上图： 梅尔尼科夫住宅独特的六边形窗户是由省力的砖结构进行巧妙的支撑。

对页下图： 莫斯科卢萨科夫俱乐部（1927）夸张的外观，但实际上室内是倾斜的大礼堂。

康斯坦丁·梅尔尼科夫

- 1880
- **1890** 出生于莫斯科
- 1900
- **1905** 开始了在莫斯科绘画雕塑建筑学院长达 12 年的学习生涯
- 1910
- **1918** 加入新莫斯科规划工作小组
- **1920** 进入新成立的莫斯科高等艺术学院（VKhUTEMAS）建筑系工作
- **1925** 在巴黎现代工业装饰艺术国际博览会（1925）上设计并建造了苏维埃馆（Soviet Pavilion）
- 1930
- **1933** 成为莫斯科苏维埃第七规划组组长
- **1937** 被称为"异类艺术家"，结束建筑职业生涯，开启人物画师的事业
- 1940
- 1950
- 1960
- 1970
- **1974** 于莫斯科去世
- 1980

1961年为都灵博览会建造的劳动宫（Palace of Labour）。奈尔维设计建造了一种混合结构支撑 20 根向外辐射的伞形钢筋骨架。

> "一些不堪入目的建筑往往都源于图纸上的赏心悦目。"

皮埃尔·路易吉·奈尔维

1891–1979

意大利

阿道夫·路斯认为在建筑设计中,工程师是"我们的希腊人",他的思想回应了现代主义者的观点:工程师,而非建筑师才是最先推出新形式的力量。假如高效性和适用性成为功能主义美学的关键原则,那么"纯粹的"工程工作将会在建筑领域中占据重要地位。

20世纪,没有工程师比皮埃尔·路易吉·奈尔维(Pier Luigi Nervi)更致力于传统原则进行建造。他洞察到了建筑"艺术"和工程"技巧",他相信,"建得得体"是建筑学的精髓。他擅长混凝土加工,成了一名建筑师、工程师、承包商——寻找没有人愿意实现的大胆构想。他开发了前所未有的施工技术和最佳的意大利传统工艺标准。

奈尔维建造的佛罗伦萨的市政体育场(Municipal Stadium)引起了国际反响。其坚硬的钢筋壳屋顶由极具创意的悬臂梁作为支撑,随后在底部分叉,充满惊人的优雅感,却又极具静态的动感——也就是说,普通的方程式无法确定静力平衡,旋转的楼梯是近乎抽象的雕塑。奈尔维被称赞是钢筋混凝土大师,1935年到1941年间,他大胆地在奥维多和托瑞德拉古设计飞机棚(之后都被摧毁了)。1961年,奈尔维为都灵博览会建造的劳动宫面积达158平方米(518平方英尺),他将底部的交叉结构向上延伸,融合成混凝土网格将顶部围住,形成一个伞形的钢筋骨架。

之后,奈尔维重新回到为1960年罗马奥运会设计体育场的工作中。这是一座宏大的体育馆(Palazzo dello Sport),其屋顶结构是由1948—1949年都灵博览会展厅改良而来。预先架构的顶部和底部钢筋结构再灌以混凝土,最后聚集在一起,使载荷通过预制的三角形部分传送到座位上部的环形部分,两者之间相互支持、相辅相成。从建筑学角度来说,体育馆的外观实在令人失望。小体育场(Palazzetto dello Sport)则被看作是奈尔维的杰作。小体育场外观大气、室内精巧,并且仅用了40天便将预制部分做完。

奈尔维在他漫长的职业生涯中与各类建筑师都有过合作,其中最著名的是与吉奥·庞蒂(Gio Ponti)共同设计的位于米兰的倍耐力塔(Pirelli Tower,1958)以及与澳大利亚设计师哈利·赛德勒(Harry Seidler,1923—2006)共同建造的50层高的澳大利亚广场大厦(Australia Square Tower)。1967年,当时世界最高的钢筋混凝土大厦落成,并且至今被许多人赞美为澳大利亚最美的摩天大楼。奈尔维建议将立柱外置,并且复层设计是结构设计中不可或缺的一部分。奈尔维还设计了大厅内引人注目的连锁曲线架构,悬臂从环形的中心位置伸出,并且用玻璃环绕四周。

上图: 皮埃尔·奈尔维,1957年于小体育馆前。

顶图： 位于奥维多（1935年，现已被摧毁）的一系列反重力设计的飞机棚，是斜肋架构式屋顶的典范。

上图： 体育馆精致的球面屋顶是由1620块部件组合而成的。

皮埃尔·路易吉·奈尔维

出生于意大利桑德利奥

毕业于博洛尼亚学院土木工程专业

在陆军工程兵部队服役三年

同奈比渥西合作开创工程公司

成立奈尔维·巴托利

1880　　1890　1891　　1900　　　1910　1913　1915　　1920　　1923　　　1930　1932

罗马的体育馆内饰有"V"形的"波浪"百褶结构,直径有100米,在建筑结构史上堪称绝技。

下图: 为1960年罗马奥运会建设的小体育馆精美绝伦,其结构为事先预制,且仅仅用了40天就建成。

- 1947 被任命为罗马大学教授
- 1958 获得英国皇家建筑师学会授予的皇家金质奖章
- 1979 于意大利罗马去世

"我们的环境是教育的一种形式。"

理查德·诺依特拉

1892–1970

奥地利

理查德·诺依特拉（Richard Neutra）在维也纳长大，于1923年迁居美国芝加哥，并在那里遇见了他的偶像弗兰克·劳埃德·赖特。像赖特一样，他成了一位多产的建筑设计师，其中包括两项在加州的重要项目：劳维尔住宅（Lovell Health House，1929）和考夫曼（沙漠）住宅[Kaufmann（or Desert）House，1946）]。

诺依特拉第一个项目客户飞利浦·劳维尔（Philip Lovell）是一位自然疗法的提倡者、素食主义者、健身及日光浴爱好者，并且他决意要在自己的屋子里展现所有的这些元素。他在好莱坞山上精心设计，对诺依特拉来说，他的任务便是"巧妙而精确地将金银丝钢架结构建造在这高低不平的倾斜的山坡上"。屋子闲适而散漫，阳台与自然融合，门窗与地面相连。这项设计集中展现了加利福尼亚州的形象。

诺依特拉设计的这栋房子成为新型建筑的代言。暴露的钢筋框架是由便携的材料预制而成，只需要40个小时便能搭建完成。加密板是由钢铁和喷在钢丝网上的"水泥砂浆"（一种可以通过软管泵运输的混凝土，现在也被称为喷射混凝土）制成的。形式上，虚实相间的平衡把握得恰到好处，且房屋的西南面成了国际风格建筑的标志。

诺依特拉第二个项目客户是弗兰克·劳埃德·赖特设计的流水别墅的主人埃德加·考夫曼（Edgar Kaufmann）。埃德加的儿子小埃德加（Edgar Jr）师从赖特，更倾向于请赖特来接手父亲的项目，但与赖特对西塔里耶森沙漠住宅的设计相比，老埃德加偏爱简洁明了的设计，于是他找来诺依特拉。最初，主人喜爱周围这壮丽的沙漠与山峦之景，于是将这栋住宅孤孤单单地建造在棕榈泉附近。以壁炉为中心的"十"字形设计的灵感源于赖特的草原式住宅，但就选址而言则大为不同。诺依特拉称，发挥预制和空间的优势，可以"使建筑师扩展地球上的居住面积"。因此，沙漠住宅"坦诚地说即为一件产品——在工厂建构，再经过长途跋涉的运输"。因此，他建造了水上飞机似的建筑，且光滑的表面清晰地反射出丰富多彩的周围环境。

诺依特拉富有创意的"天然"岩石花园和本地仙人掌为建筑锦上添花，沙漠住宅帮助他取得了一系列的国家级项目，包括令人惊艳的伫立于瑞士马焦雷湖之上的伊贝林·布塞留斯住宅（Ebelin Bucerius House，1966）。诺依特拉的设计理念融合成了南加州独特的生活方式，并在约翰·昂特扎（John Entenza）"案例研究"项目中被年轻一代建筑师所倡导并传承下来。

对页： 1946年，为埃德加·考夫曼（同为弗兰克·劳埃德·赖特设计的流水别墅的主人）于棕榈泉建造的沙漠住宅成了20世纪50年代加利福尼亚州建筑风格的标准。

上图： 理查德·诺依特拉，1969年。

理查德·诺依特拉

- 1892 出生于维也纳
- 1910 于维也纳科技大学学习,师从阿道夫·路斯
- 1912 和西格蒙德(Sigmund)的儿子恩斯特·路德维希·弗洛伊德(Ernst Ludwig Freud)一起游历意大利和巴尔干半岛
- 1921 加入埃瑞许·孟德尔松位于柏林的事务所
- 1923 迁居纽约,与鲁道夫·辛德勒(Rudolf Schindler)合作之前曾与弗兰克·劳埃德·赖特短暂共事
- 1932 作品包括极具创意的现代艺术展览馆,"现代建筑—国际展览"构成了"国际风格"
- 1954 出版《生存设计》(Survival Through Design)
- 1970 于德国伍珀塔尔去世

上图: 沙漠住宅宽敞开放的空间一路延伸至花园上的绿洲,开创了一种"现代沙漠"的居住风格,既可以满足中产阶级的生活要求,又具备加利福尼亚州地区的特点。

下图: 惊艳地伫立在马焦雷湖之上的伊贝林·布塞留斯住宅(1966),一目了然地体现了诺依特拉对空间和结构的设计特点。

上图： 1962 年，受尊敬的罗伯特·舒勒牧师（Dr Robert Schuller）之托，诺依特拉在加利福尼亚州的加登格罗夫完成了世界上首个带停车场的教堂的设计建设。

下图： 1929 年，随着洛杉矶的劳维尔住宅的建成，它很快成了国际风格的标志。

位于卢堡的施明克住宅（Schminke House，1933）将东正教的现代"流通"空间与具体"位置"的用途相结合。

"他渴望看到在现代船舶设计影响下大胆的新式房屋设计。"

汉斯·夏隆

1893—1972

德 国

汉斯·夏隆（Hans Scharoun）是现代建筑流派"有机建筑"（Organic Architecture）的代表人物之一，这个流派的领军人物是雨果·哈林（Hugo Häring，1882—1958），他提倡房屋应当"建得实用且灵活"。虽然深受哈林观念的影响，但夏隆绝对无法抗拒勒·柯布西耶作品的视觉冲击。他早期最重要的设计——位于卢堡的施明克住宅（1933）的草图，描绘了房屋主人的汽车从露台下呼啸而过，依稀能品味出萨伏伊别墅的味道。

即便相似，仍有不同。当勒·柯布西耶削弱规划设计与几何图形之间的差异时，夏隆却允许房屋的外观扩张，并且使空间和功能的设计形成对比。流体空间以现代的形式汇聚融合，并且也有为特定活动设计的区域：向外延伸的弧线营造出一块用餐之地，独立式的壁炉让焦点聚集在客厅，外围边缘是内置的座位。

同样的空间设计逻辑被运用到了夏隆最受欢迎的建筑——柏林爱乐乐厅（Philharmonie Hall，1963）中。这是第一栋"全面"设计建造的音乐厅，这一设计理念是由戏剧院改良而来，并立刻获得了柏林爱乐乐团传奇指挥家赫伯特·冯·卡拉扬（Herbert von Karajan）的认可。夏隆把音乐厅的空间布局比作梯田，乐队在最底部，随即"一片广阔的葡萄园在周围的山丘蔓延开去"。

夏隆创造了"社区听众"这一概念，将观众群分成100—300人一区，围绕在具有相当规模的表演者周围——与公共广场上即兴表演者周围围观的人群非常相近。为了加强效果，他不是按几何图形的中心布局，而是将座位按角度依次错开，并且也与舞台穿插排开。这样的设计可以提供不同的视觉点，并且使得关注点清晰地呈现出来。这样一来，宏大的音乐厅的紧凑布局，恐怕无法在一张照片中呈现出它的全貌。

爱乐乐厅并非建造在赛场所在地，而是搬到了被炸毁的肯珀广场——后来也成为路德维希·密斯·范·德·罗建造的国家美术馆（1968）与夏隆建造的国家图书馆所在地。国家图书馆是在他去世之后的1978年完工的。就外观上看，这件他迟来的代表作是20世纪以来所建造的最优秀的图书馆。外观设计上，大片采光天窗似乎摒弃了常规国家机构的风格。室内设计上，它呈现出有机布局，空间围绕一间宽敞广阔且毫无遮拦的阅览室展开。空间在不同的楼层有增有减。夹层和无尽的采光天窗营造出一种宽敞明亮之感。

上图：汉斯·夏隆，1950年。

汉斯·夏隆

出生于德国布雷梅		开始在柏林科技大学学习（"一战"时期停办）	加入表现主义大师布鲁诺·陶特创办的玻璃链（Glass Chain）	在位于布雷斯劳的国家工艺学院担任教授		

1870 · · · · 1880 · · · · 1890 · · **1893** · · · 1900 · · · · 1910 · **1912** · · · **1919** 1920 · · · **1925** · · · 1930

左图： 夏隆在柏林爱乐乐厅（1963）的空间设计上无人可以媲美。作为一个"全面的"剧院，他将现场观众席位比作山坡上的葡萄园。

顶图： 复杂的流体空间和爱乐乐厅的楼梯设计，为 19 世纪歌剧院增添了一位公共剧院的强劲对手。

上图： 柏林国家图书馆（1978）宽敞宏大的阅览室是夏隆有机"布局结构的体现。

受到联盟邀请，负责柏林的重建计划

担任柏林美术学院院长（至 1968 年）

于柏林去世

1940　　1946　　1950　　1955　　1960　　　　1970　1972　　　1980　　　　1990

1967年，蒙特利尔博览会上美国馆（United States Pavilion）的设计强调了时代的技术乐观主义。

"诚信是成功的精髓。"

（理查德）
巴克敏斯特·福乐

1895—1983

美　国

20 世纪 20 年代，随着斯托克代尔轻量级住房建筑体系的崩溃与失败，巴克敏斯特·福乐（Buckminster Fuller）决定着手一项终身"去寻找一个可能改变全世界并让全人类受益的实验"。

对于福乐来说，欧洲的先锋派还未完全接受未来的新材料与工业化。他认为，世界上的资源与生产方式必须当作整体看待，作为后勤保障之一，类似于住房的问题必须解决。1928 年，他发布了自己设计的第一所房屋"4D"；第二年，芝加哥马歇尔·菲尔德商店将其命名为"Dymaxion House"（最大限度利用能源住宅），该商店应用实物模型作为未来家具的道具置景。

Dymaxion House 即为字面意义上的"住宅机器"。它是座六角形的生活空间，有着光滑的屋顶，顶梁柱从中心位置垂直而下，可以满足各种生活需求。此外，房屋需具备空调系统，并采用压缩的空气和真空系统来供应空气。"喷雾设备"只需要 2 品脱（约 1 公升）的水，并且可以过滤、杀菌并循环利用。而卫生间装置则完全不需要用水，这方面的技术并不完善且应用得很少，多用于航空方面。Dymaxion-Bathroom（节能浴室）于 1938—1940 年建成，预见性地设计使用了现在依旧流行的一体化设备。1944 年，具有圆形金属壳的 Dymaxion Dwelling Machine（节能住宅机器）问世，它的出现旨在开拓太空技术，达到人类可居住环境的极限。

1948 年至 1949 年，当福乐在加利福尼亚州北部的黑山大学任教的时候，他完善了网格状球顶，这使得他更加声名远扬。虽然早在 30 多年前德国已有这种发明，但福乐在美国仍然被授予了发明专利。最终他成了先进技术（尤其是 1967 年他在蒙特利尔国际博览会上的美国馆的设计），以及另一种文化的象征，比如 1965 年在南科罗拉多州形成的第一座乡村嬉皮公社落城（Drop City）。网格状球项是被福乐称为"张力集成"的一种形式，当它膨胀时便可以展示它的效能。1961 年，他建议在曼哈顿上空建设一个 2.5 公里（1.5 英里）的穹顶。

第二次世界大战之后，富乐有预见性地逐渐沉浸于应对悄然萌生的全球环境危机。他集中精力应对有限的资源所带来的挑战，并提倡使用可再生能源。1946 年，他发表了一份立体三角面的 Dymaxion 世界地图，更加清晰地标识出每一个区域代表的国家。1961 年，他开发了一套全球生物系统计算机仿真体系"世界游戏"。

作为一位名副其实的预言家，巴克敏斯特·福乐反对将建筑进行分类。20 世纪 60 年代，虽然难以追踪他对主流建筑的直接影响力，但其思想理念却无处不在。

上图：巴克敏斯特·福乐和他的 Dymaxion 世界地图，20 世纪 40 年代。

上图: 1928 年设计的 Dymaxion House 是一栋真实的"机器住宅",所预期的循环设备及其他技术设备直到几十年后才得以实现。

对页上图: 福乐的 Dymaxion 圆顶被嬉皮士采用并作为 20 世纪 60 年代另一种文化的象征。上图所示建筑位于科罗拉多的落城。

对页下图: 福乐的 Dymaxion Dwelling Machine 的原型建于 1944 年,位于堪萨斯州威奇托。它的问世旨在开拓"二战"后航空产业的生产力,而富乐因这项设计与他的合作伙伴产生纠纷,导致其未能得以建成。

(理查德)巴克敏斯特·福乐

- 出生于马萨诸塞州弥尔顿
- 进入哈佛大学,但因"过度社交"而被退学
- 加入美国海军

1870　1880　1890　**1895**　1900　1910　**1913**　**1917**　1920

1938	1947	1961	1983
担任《财富》(Fortune) 杂志科学与技术顾问	发明网格状球顶	回到哈佛大学，接受了哈佛大学诺顿艺术教授职务	被授予总统荣誉勋章，并于洛杉矶去世

"我们应该致力于简单、自然而美好的事物……致力于人类和谐，且适合大街小巷的普通民众的设计。"

阿尔瓦·阿尔托

1898—1976

芬 兰

1933年，阿尔瓦·阿尔托（Alvar Aalto）设计的芬兰帕伊米奥结核病疗养院使他年少成名。按功能划分的区域、夸张的悬臂式露台、带状的玻璃窗户和景观电梯都强化了这栋建筑的新兴国际主义风格。然而，无可挑剔的现代外表下那截然相反的思想，将会给全世界建筑师带来深远的影响。

例如，阿尔托为这栋建筑设计的帕伊米奥椅（Paimio Chair）是用弯曲的胶合板制成的，不但利用了工业技术，而且有意选用传统工艺而非机器技术作为其标准模板。这种理念在1939年纽约世界博览会的芬兰馆（Finnish Pavilion）中表现得更为明显：芬兰馆的照片可以使人清晰地联想到芬兰起伏跌宕的湖岸，彩色的灯光洒在木板表面，映射出一道道"幕帘般"的欧若拉——北极光。

阿尔托摒弃国际主义风格"毫无依据的现代性"，基于本地风景和文化传统建造了玛利亚别墅（Villa Mairea，1940）。别墅的外墙由藤条和桦木条包裹着，耸立着的钢筋立柱仿佛抽象画森林中的"树木"。庭院的设计别有芬兰农庄的气息，并且别墅的一端是芬兰本土的木质桑拿房，另一端则是位于二层别具一格的工作室。

传统庭院的形式再次出现在萨伊诺萨罗市政厅（Säynätsalo Town Hall，1952），并且其被看作是阿尔托最具影响力的作品。从室内的规模到有质感的砖墙，再到皮革—青铜质地的门框，这些都反映了阿尔托的理念："我们应该效力于简单、自然而美好的事物。"

在距离萨伊诺萨罗几英里外的Muuratsalo岛上，阿尔托建造了一栋避暑别墅（1953），其院墙是由砖块和瓦片堆砌而成，仿佛意大利广场（小型城市广场）的地面一般斑驳。广场的庭院与小建筑的"边角"都由岩石支撑，砖瓦堆砌成弧形。阿尔托这件富有个性化设计的建筑作品将意大利的风格植根于此，正是勒·柯布西耶"居住的机器"理念的体现。

虽然避暑别墅项目未能完成，但是阿尔托对雕塑的热爱依旧洋溢在他晚期的作品中。从位于塞伊奈约基市精致的扇形图书馆（1965），到赫尔辛基的芬兰大厦（Finlandia Hall，1971），再到埃森歌剧院（Essen Opera House，1959—1988），曲线的几何图形都是对功能需求的回应。对于此，伊马特拉市的伏克塞涅斯卡教堂（Church of the Three Crosses）展现得极为透彻。内部空间细化的需求使得巴洛克风格的室内设计变得错综复杂。阿尔托对光线的娴熟运用在此处也有新突破：分层、过滤与遮盖的技巧为路德教的圣地增添了一份神秘感。

阿尔托凭借自己的能力在日常生活中创造出诗意的栖居，对"小人物"的需求极其关心，对大自然无比热爱。作为现代建筑大师，阿尔托的理念大概是对后人最宝贵的馈赠。

对页： 位于诺尔马库的玛利亚别墅（1940）有着由藤条和桦木条包裹着的外墙，与周围森林般的环境融为一体。

上图： 阿尔瓦·阿尔托，1962年。

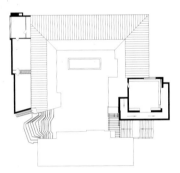

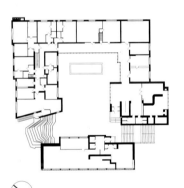

上图和左图： 萨伊诺萨罗市政厅（1952）环一处凸起的庭院建设而成，通过构成鲜明对比的"市政"石阶和"极具乡野气息"的草坪台阶即可达到。

右图： 塞伊奈约基市图书馆（1965）有着蜿蜒的平面与区域设计，是阿尔托晚期建筑风格的体现。

对页图： 帕伊米奥结核病疗养院（1933）是一栋直线条的功能主义风格建筑。它有着带状的玻璃窗户和景观电梯。

阿尔瓦·阿尔托

出生于库奥尔塔内

在于韦斯屈莱市开创阿尔瓦·阿尔托建筑艺术设计室

与助理阿诺·玛赛奥（Aino Marsio）结婚

成立阿泰克公司（Artek），专为阿尔托设计的家具及玻璃制品做推广

当选为芬兰建筑协会主席，直到1958年

1890　　1898　1900　　　　1910　　　　　1920　1923 1924　　1930　　　1935　　1940　1943

被英国皇家建筑师学会授予金质奖章	在佛罗伦萨的诗特罗奇宫（Palazzo Strozzi）举办回顾展	于赫尔辛基去世		
1957　1960	1965　　1970	1976　1980	1990	2000

"机械削弱了人文和谐中的自然、材质与传统的元素。"

哈桑·法赛

1900—1989

埃 及

参观位于卢克索的拉美西斯二世神庙（Temple of Rameses II）时，哈桑·法赛（Hassan Fathy）并没有被残垣断壁的宏伟所震撼，而是被神庙身后的底比斯东岸的卡纳克神庙和西岸的祭庙（Ramasseum）所吸引。这座建于5000年前的仓储建筑，是埃及至今保存最为完好的砖瓦结构遗迹，实际上这与法赛建于当代的努比亚（Nubia）的建筑差别不大。底比斯东岸的卡纳克神庙和西岸的祭庙处在一个极度炎热且气候干燥的环境中，能够存留至今的确不同寻常，它们鼓励着法赛探索当地的材料和传统的房屋形式以取代西方的设计。

20世纪30年代，法赛开始进行砖瓦建筑的实验，并且于1948年取得突破。但埃及政府决定清除临近卢卡索的一个村庄，这是由于当地居民涉嫌偷盗文物。于是为他们重建安置住宅的任务就由法赛承担。他设计的高纳新村是由小块泥砖堆砌而成的一间间圆顶房间组成的。尽管预算拮据，法赛依然对7000户家庭的房屋设计做出了承诺。1973年，他在经典之作《穷人的建筑》（Architecture for the Poor）一书中提到："将不会有两栋类似设计的房屋。"

在埃及建造完成多处私人住宅、诊所和医院之后，法赛搬至希腊。1967年，他受联合国之邀，对沙特阿拉伯利雅得附近一座名为El-Dareeya的村庄进行调研，这便是非西式风格建筑的一次发展机会。他采用了与在埃及时相同的做法：基于对传统住宅类型、气候控制方法及建筑材料的详细研究，他设计出极具可塑性的房屋原型。从空间布局上看，这些房屋是他在埃及熟知的类型。它们大多围绕着中心庭院建造，而不断蔓延的树木和野草也在此开拓了建筑的新形式。法赛的设计独具匠心：完全现代的折板屋顶架被他称作巴拉斯迪式建筑。于是两年后，当他受邀重建位于阿曼的索哈尔市内一座被大火焚毁的集市时，这种轻质且可预制的材料便应运而生。

法赛广泛应用泥砖，小到村舍，大到别墅和寺庙，但到了1971年，当他开始建造自己位于亚历山大港附近的度假村时，政府下令禁止用砖块建造房屋，于是他改用石材建造。紧凑的造型、朴素的设计和房屋的雕塑，令人感觉仿佛屋子是雕刻而不是建造出来的。

讽刺的是，法赛，这位坦言为穷人建造房屋的伟大预言家的职业生涯却是在为富人做设计之后才有了长足的发展。其中包括1978年为科威特酋长建造的宫殿。但对于法赛而言，奢华与朴素在他追寻真实的阿拉伯建筑的人生道路上并驾齐驱。

上图： 哈桑·法赛，1981年。

上图： 法赛位于亚历山大港附近的度假村（1971）看起来几乎是由石块雕刻而成的，经久不衰。

对页顶图： 法赛绘制的哈桑别墅（Villa Hasan，1943）草图，植根于伊斯兰传统似乎是他的建筑手法。

右图： 在卢卡索附近的高纳新村（1948）设计中，法赛将一间间泥砖房间汇集成传统的住宅群。

哈桑·法赛

- 1890
- **1900** 生于亚特兰大港
- 1910
- 1920
- **1930** 在开罗美术学院教授艺术
- 1940
- 1950
- **1957** 迁居希腊,在道萨迪斯协会做设计,期间他发展了人类聚居学理论
- 1960
- 1970
- **1973** 发表《穷人的建筑》
- **1976** 为阿迦汗建筑奖指导委员会工作
- **1978** 发表国际研究所关于创造合适技术的备忘录
- 1980
- **1989** 于开罗去世
- 1990

"建筑学从建造房间开始。"

路易斯·康

1901–1974

爱沙尼亚

路易斯·康（Louis Kahn）成长于费城，并跟随颇有名望的美术学校老师保罗 - 飞利浦·克莱特（Paul-Philippe Cret）学习。随后，他开始为这座城市现代主义领军者豪与莱斯卡兹公司（Howe & Lescaze）工作。但他职业发展中决定性的时刻出现在1950年至1951年，当时他是客居罗马美国学院（the American Academy in Rome）的建筑师。站在希腊佩斯敦圣庙（Greek temples at Paestum）前，他感到建筑始于"墙体分开，立柱呈现之时"。在重新发现集群、体积和光线的力量之后，他从草图开始重新思考建筑。

位于新泽西州的屈灵顿游泳池更衣室（Trenton Bath House，1955）成为路易斯·康对建筑风格的宣言。四栋房屋围绕着中心广场，按照"十"字形依次排开。每栋建筑都有着金字塔形的屋顶，并且屋顶由入口处或服务区的空心混凝土立柱作为支撑。路易斯·康之后的作品便是基于这栋建筑的精髓：他所宣称的"服务"与"被服务"空间的划分，以及空间和结构的有序整合。

在理查德医学研究中心（The Richards Medical Building，1961）的设计中，屈灵顿游泳池更衣室的痕迹显而易见。实验室大楼依旧是方形，侧面空旷的位置有石砖堆砌而成的电梯槽、楼梯间和辅助通道，但这栋建筑不可采用预制的混凝土结构。整个设计简单明了，但却营造出诗意的效果，仿佛是对中世纪意大利圣吉米尼亚诺（San Gimignano）塔楼的追忆，并且这栋建筑使使用者可以清楚地观察彼此的实验室。这种社交性极大地吸引了乔纳斯·索尔克博士（Dr Jonas Salk），他委任路易斯·康设计位于加利福尼亚州的索尔克研究中心（Salk Institute，1965）。两栋直线排列的实验大楼构成了20世纪最宏伟壮丽的建筑景观。

路易斯·康很快实现了自己的价值，他设计了一些建筑，其中包括位于纽约州的罗切斯特第一基督教教堂（Unitarian Church，1969）、新罕布什尔州埃克塞特市的圣菲利普学院图书馆（Library for St Philip's Academy，1972）、孟加拉国首都达卡的国民议会厅（1961—1983）。这些建筑同样是按照"十"字形布局，这是他偏爱的美学艺术特征。但是，当他在设计德克萨斯州沃思堡市的肯贝尔艺术博物馆（Kimbell Art Museum，1972）时，历史的遗训与现代性优雅地融合在一起，并且这件作品日后成了他的代表作。

路易斯·康曾说过"结构可以提供光源"，他在顶部设计了狭长的凹槽，将德克萨斯州的阳光阻隔并散射进来。这排拱顶的艺术馆被"辅助"地基垫高，而且周围的三座庭院可以对室内进行补光。虽然设计看似简单，但室内空间却宽敞得惊人。如果俯瞰拱顶的长度，室内似乎是由相邻的房间构成。房间对面，平面与拱顶区域交替而建，细微的光线差别将区域进行了精确的划分。对每处外界光线细微差别的处理是肯贝尔艺术博物馆对20世纪建筑领域所做的巨大贡献之一。

上图： 路易斯·康，大约拍摄于1970年。

上图：有着公园般设计的肯贝尔艺术博物馆（1972）坐落于德克萨斯州沃思堡市，是路易斯·康的代表作。它有着希腊圣庙般的神圣与庄严。

右图：肯贝尔艺术博物馆由一系列平行的拱顶构成，设计师巧妙地将自然光引入，使博物馆内显得生机勃勃。

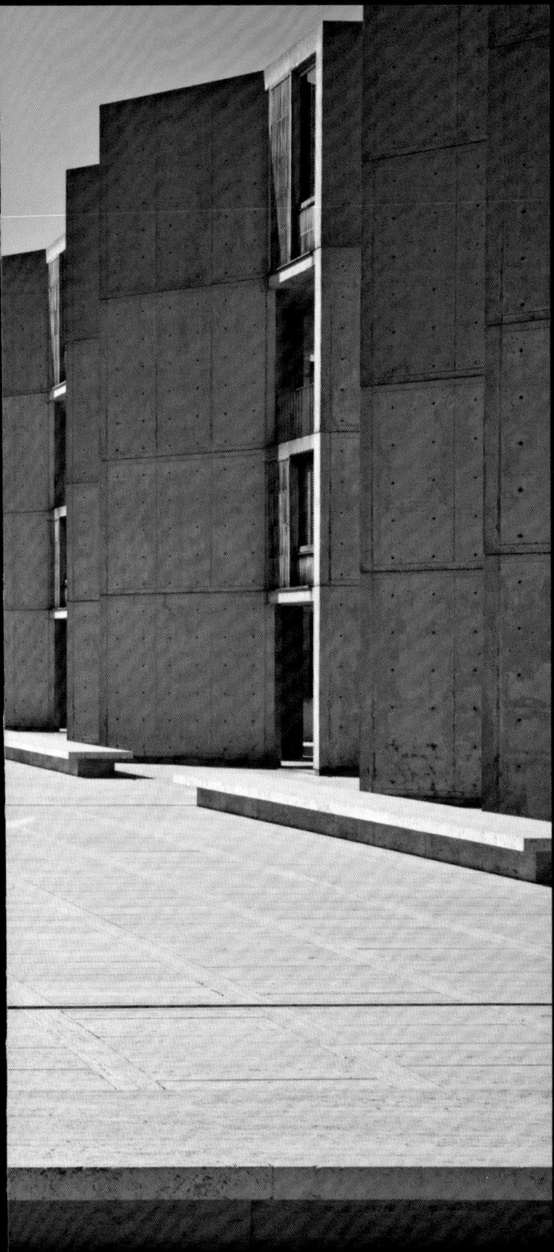

左图： 位于加利福尼亚州的索尔克研究中心（1965）由两栋直线排列的实验大楼构成。它们面朝太平洋，构成了 20 世纪最宏伟壮丽的建筑景观。

下图： 路易斯·康在设计理查德医学研究中心（1961）时，强化了“服务”与“被服务”的功能区域划分，并且因此赢得了世界的瞩目。

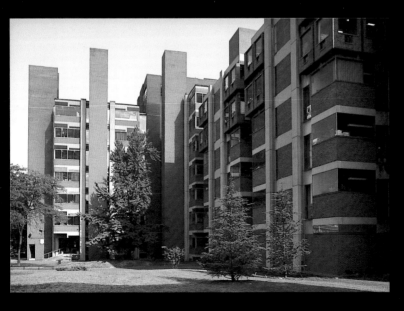

路易斯·康

1890

1900

- 1901 出生于爱沙尼亚的库雷萨雷
- 1906 随家人移居美国

1910

1920

- 1924 毕业于宾夕法尼亚大学建筑学院

1930

- 1935 于费城开创建筑事务所

1940

- 1950 于罗马的美国学院任驻院建筑师

1960

- 1966 任命保罗－飞利浦·克莱特为宾夕法尼亚大学建筑学教授

1970

- 1972 获英国皇家建筑师学会金质奖章
- 1974 于纽约去世

1980

1990

这件学校用的课桌椅(约 1950 年)是木质桌面和钢筋结构相结合的设计成品。它显现出普鲁韦作品的"工业"特征。

"不要设计无法建造的作品。"

让·普鲁韦

1901—1984

法 国

作为画家、雕塑家维克多·普鲁韦（Victor Prouvé）之子，让·普鲁韦（Jean Prouvé）成为20世纪独树一帜的工艺大师、设计师、制造商及建筑工程师。他设计的任何作品技艺都很精湛，小到桌椅板凳，大到整个建筑。他的职业生涯从制作装饰铁艺作品开始。他曾随铁器艺术家学习，但由于受到20世纪20年代设计领域新艺术运动的影响，他开始研究钢筋、铝制品和电焊技术。1931年，让·普鲁韦成立了自己的工作室（Les Ateliers Jean Prouvé），基于早期折叠式钢板实验设计而成的轻质家具很快使他获得了不错的声誉。他将社会主义理想付诸实践，为处于蓬勃发展的医院、学校和商业机构建造大楼。他受到其设计的家具大规模生产的启发，开始为建筑构件申请专利。

普鲁韦在建筑上的处女作是人民大厦（House of the People，1939），这是巴黎的社会中心及室内市场。在第二次世界大战期间，他预制了1200间6平方米（20英尺）的房屋单间。这表现出建筑物的灵活性，可以变换位置来适应使用者多样化的需求。1947年，受到铝制公司的支持，他将自己的产业转移到南锡附近的曼德维尔市。

由于需要建设大量的工厂和设计工作室，普鲁韦开始寻求从艺术实践到机械工业的转变。为了适应刚果的需求，他设计了全部采用铝—钢金属结构的热带屋（Tropical House，1949）。此外，为了适应当地气候，他将地板抬高，并且做了其他调整。并且，他为抗议住宅危机的发起人阿贝·皮埃尔（Abbé Pierre）构建了一座50平方米（538平方英尺）的房屋。

1953年，当铝制公司接管他的产业后，普鲁韦化挫折为优势，利用从工厂收集的零件，为自己在南锡建造住宅（1954）。他轻松地把这次组装设计当作是新材料的试验田，其中包括有着舷窗玻璃的铝制板和层压板屋顶。让·普鲁韦决心专注于设计，于是创立了让·普鲁韦建筑公司（Construction Jean Prouvé），并完成了多项工程建设，其中包括位于依云的闲适优雅的茶屋（1956）。这家新公司最终在他的领导下成为法国轻质幕墙的顶级制造商。

由于勒·柯布西耶决定不再推进之前承诺的位于马赛市的预制钢材结构的集体住房公寓项目（1952），这使得普鲁韦的职业生涯大为受挫。和大多数试图使建筑工业化的人们一样，普鲁韦很大程度上可以说是失败了。与其他人的作品不同，他的作品的建筑组件和家具可以大规模生产，如今受到收藏家们的追捧。他最后的声望源于他作为设计师的天赋——凭借对材料的特殊理解进行制造。

上图： 让·普鲁韦，约1955年。

下图： 在南锡（1954）的私人住宅设计中，普鲁韦将蒙太奇的手法运用到建筑的各个部件中。

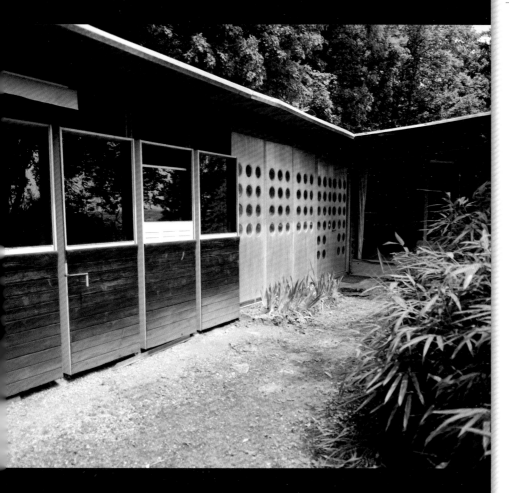

对页上图： 位于巴黎克里希的人民大厦（1939），有着备受瞩目的幕墙，是“二战”前屈指可数的优秀建筑。

对页下图： 1949 年，建于刚果共和国布拉柴维尔的“扁平的”热带住宅是生物气候学建筑的典范。设计师为了让屋子更加凉爽，将地板抬高到合适的高度。

让·普鲁韦

1890

1900

1901 生于法国南锡

1910

1920

1923 创建自己的首个工作坊

1930 现代艺术家联盟创立者之一

1931 创立让·普鲁韦工作室

1940

1949 创造热带建筑模型

1950

1957 被任命为艺术音乐学校讲师

1960

1970

1980

1984 于南锡去世

1990

"比例协调是首要因素。"

阿纳·雅各布森

1902–1971

丹　麦

阿纳·雅各布森（Arne Jacobsen）作为斯堪的纳维亚建筑设计师的典范，有着独具特色的眼力。他的设计从楼房建筑到餐厅餐具，几乎涵盖了生活的全部。他设计的许多椅子，形式上是有机的，并且命名也会令人产生无限遐想，比如蚂蚁椅（Ant）、舌形椅（Tongue）、天鹅椅（Swan）和蛋形椅（Egg），这些都是20世纪的经典之作。那看似毫不费力且理所应当的设计创作，其实经过了无数次细微的调整与实验。

雅各布森在丹麦皇家美术学院接受了正规的教育。而他只是出生太晚，未能在20世纪20年代风靡一时的北欧古典风格建筑设计中大显身手。但他潜在的价值观渗入了他的建筑作品，其中包括代表作奥胡斯市政厅（Aarhus Town Hall，1937—1942）。1929年，他以生动幽默的"未来之家"作为展览项目，初次登上历史舞台，该建筑天台屋顶上设计了直升机机场。他还设计了许多杰出的国际风格建筑，比如贝尔维尤住宅（Bellevue residential）和休闲运动中心（leisure complex，1932—1937）。

第二次世界大战之后，雅各布森凭借位于Søholm的住宅群（1950—1955）重新确立了他在设计界首屈一指的地位。住宅群蜿蜒排布于一处古老地产浓密的树荫中，并且与道路成45°角，以确保享有充足的阳光与风景。在设计图上，要结合两种类型的房屋设计是十分复杂的，需要处理生活区域，将一间卧室建在车库上层，合理地处理两种风格之间的交集，墙之间的间隔只有4米（13英尺）。这种令人惊叹的房屋采用的是软化砖风格设计，且随后发挥着极大的影响力。

除了这些在丹麦的建筑作品，雅各布森还是一位钢筋—玻璃风格现代主义先驱者。据说，可以用火柴盒仿制他的大作：将盒子平放是一栋住宅房屋，长边着地则是一栋公寓楼，底朝天立起来则是一栋办公大楼。雅各布森不愧是一位形式主义者，他的设计形式优雅动人，在他那一系列设计精良的建筑物中表现得淋漓尽致，如叶斯帕森办公室（1955）、罗多乌尔市政厅（1956）、穆克嘉德学校（Munkegaard School，1957）。雅各布森也是一位细节大师，他在罗多乌尔市政厅里所设计的优雅而简洁的楼梯用橙红色钢管作为支撑，从屋顶上悬吊而下，其中最小的是5厘米（2英寸）钢板，像人类的运动攀爬一样步步上升。

此外，雅各布森的设计还有更为大胆的一面——位于汉诺威的赫恩豪森公园亭台（1965）有着早期的玻璃结构，也是他的最后一件代表作。让雅各布森感到最为舒心的创作是在他去世后完成的丹麦国家银行（Danish National Bank，1978）。这栋建筑处处渗透着他对古典美学原则、设计比例与清晰风格的热爱。整个建筑十分严肃，但在狭窄而高耸的入口大厅却装饰有设计优雅精致的楼梯，雅各布森设计的室内景致极具尊严。

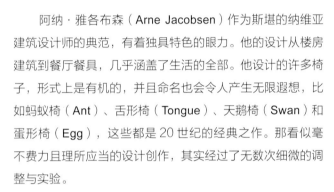

对页：位于哥本哈根的丹麦国家银行，有石砖砌成的入口，完成于他去世后的1978年。

上图：阿纳·雅各布森，1960年。

阿纳·雅各布森

- 1902 出生于哥本哈根
- 1925 在巴黎国际艺术装饰与现代工业博览会上凭借一张椅子获得银牌
- 1927 毕业于丹麦皇家美术学院
- 1943 乘坐划艇从丹麦逃离到瑞典
- 1965 开始在哥本哈根的丹麦国家银行工作
- 1968 设计出经典的"沃拉"（Vola）系列卫浴设备
- 1971 于哥本哈根去世

对页上图： 雅各布森是一位精致的设计大师，他著名而优雅的3107号椅子（1955）是借鉴了美国早期艺术创新而设计完成的。

对页下图： 奥胡斯市政厅（1937—1942）有着环绕四周的走廊、玻璃屋顶及长方形的门厅。

右图： 罗多乌尔市政厅（1956）的楼梯由纤细的钢管支撑，是雅各布森设计的多处楼梯中看起来最精致的一处。

下图： 雅各布森设计的穆克嘉德学校（1957）建在私人庭院周围，设计还包括户外教室、订制家具、纺织品及灯饰。

"一间房间可以表现出丰富的感情。"

路易斯·巴拉干

1902—1988

墨西哥

路易斯·巴拉干（Luis Barragán）在成为建筑师之前是一位训练有素的工程师。1931—1932 年，当他在欧洲游历时，遇见了勒·柯布西耶，于是他回国后决定尝试现代建筑。他在墨西哥开设了事务所，但仅仅 8 年后，当他完成 30 余件国际风格的建筑项目之后却宣布退出商界。1945 年，他获得了埃尔·佩德雷加尔庄园（El Pedregal），于是他潜心于庄园建设。渐渐地，一座座相互连通的花园建立起来了，而中间只是零星地点缀着一两栋住宅。这很大程度上归功于弗兰克·劳埃德·赖特及欧洲现代主义风格。它可以说是第一件令人信服的以现代方式对传统风格进行全新诠释的建筑作品。

埃尔·佩德雷加尔庄园内两栋住宅的出售促使巴拉干开始建设自己位于墨西哥城的住宅和工作室（1947）。从外表上看，这栋建筑显得刻板朴素，像是邻街一个不起眼的存在，然而，室内的布景却独树一帜，带着一点西班牙殖民时期的建筑风格，而更多的是传统墨西哥建筑的绚丽多彩和国际主义建筑的格调。即便如此，综合起来便成了巴拉干的风格：随意的装饰与色彩斑斓的房间组合在一起。面朝主花园的客厅开着巨大的窗户，并且他用"十"字形窗框作为修饰。这种带有宗教寓意的设计是经过了深思熟虑的，且这种设计为别墅与花园之间的分界增添了神秘的质感。据说巴拉干从未踏入花园，任凭它们自然地生长、衰败。

居住 6 年之后，巴拉干提升了屋顶花园内彩色围墙的高度，创造出一个面向天空的抽象得近乎超现实的世界。"墙壁能营造出寂静"，他解释道，并且在它们的庇护下，他便可以直面人生。巴拉干对宗教十分虔诚，他相信美的救赎力，并且他在一系列重量级的项目上发展了彩色墙面的设计。位于墨西哥城圣克里斯托瓦尔的洛斯·克鲁布斯住宅（Los Clubes，1966）以及福克·艾格斯多姆房子和马厩（Folke Egerstrom House and Stables，1968）正是迎合了主人养马的需求，巴拉干做出了最富有表现力的创作——墙面上涂上大胆的色彩，并且通过涌出的泉水、平静的水面的反射将自然的元素融为一体。

在墨西哥城相对紧凑的吉拉弟公寓（Gilardi House，1977），巴拉干大胆地用颜料和水进行蒸馏实验。焦点则是室内的小型游泳池，要到达那里需要通过一条赭石色的悠长的走廊——地上铺着彩色石头，墙面和天花板上都涂着深黄色，沿线的光透过垂直墩之间的彩色玻璃进入室内。最终，水面看起来光滑而寂静，流入向下的狭窄楼梯——这样的设计令人想起洗礼仪式。阳光透过屋顶天窗如约而至，巴拉干"将宗教传统转化为现代生活"的理念就这样诗情画意地表现在了他所做的设计当中。

对页： 墨西哥城的洛斯·克鲁布斯住宅（1966）最引人注目的元素便是为主人的马儿设计的马厩和水池。

上图： 路易斯·巴拉干，1963 年由厄休拉·贝尔纳特（Ursula Bernath）拍摄。巴拉干基金会（Barragán Foundation）拥有这幅照片的版权：© 2014 Barragán Foundation / DACS。

对页： 在墨西哥城巴拉干私人住宅室内，他开始探索饱和色调的墙面，这也成为他风格成熟的标志。

上图： 巴拉干在晚期作品墨西哥城吉拉弟公寓（1977）紧凑的室内大胆地用颜料和水进行配比设计。图片：阿曼多·萨拉斯（Armando Salas），葡萄牙。© 2014 Barragan Foundation / DACS

路易斯·巴拉干

- 1902 出生于瓜达拉哈拉
- 1927 在瓜达拉哈拉开创自己的事务所
- 1931 在巴黎生活，参加勒·柯布西耶的讲座
- 1936 将事务所搬迁至墨西哥城
- 1945 开始研究埃尔·佩德雷加尔庄园的发展
- 1980 获得普利兹克建筑奖
- 1988 于墨西哥城去世

"我们时代的任何创意，能想到便能做到。"

布鲁斯·戈夫

1904–1982

美　国

布鲁斯·戈夫（Bruce Goff）是建筑界的瑰宝，从小天资聪颖。他12岁开始学徒生涯，20岁出头便开始设计抛光面建筑。他轻松地游刃于艺术装饰（1929年，位于俄克拉荷马州波士顿大街的卫理公会教堂被誉为美国佳作之一）、新兴的国际风格与弗兰克·劳埃德·赖特的草原住宅风格之间。

从早期实验衍生出来的是一系列奔放的、无拘无束的工程。批评家查尔斯·詹克斯称，戈夫是"庸俗的米开朗基罗"。他后期的许多作品——建构在俄克拉荷马州丰富的油田背后——无非是品味糟糕的建筑群。厚厚的绒毛地毯从客厅一角延伸至墙壁或天花板，橙色的户外地毯平铺在屋顶上，晶莹的水晶使金碧辉煌的浴室更加绚丽夺目，门上还镶嵌着玻璃珠和亮片。这一切都很难被称为是"合适"的设计。

像安东尼·高迪一样，戈夫认为这些丰富的材料是对自然的呼应，并且隐藏在这些光鲜的外表下的是更高水平的空间与结构的设想。其中一个案例是霍普韦尔浸会教堂（Hopewell Baptist Church，1951），美国原住民的圆锥形帐篷的形式能够引起当地人的反响。结构框架由废弃的石油管道搭建，并被切割焊接成格梁，看起来很像飞机的双翼。墙体由本地开采的鹅卵石堆砌而成，铝制薄膜重新改造成枝形吊灯。建筑内部反复出现的精致结构魔法般地转变为现代哥特式风格。更有甚者，教堂是由志愿者修建而成的。类似地，他创造性地对客户的项目进行设计，位于俄克拉荷马州萨帕尔帕市的约翰·弗兰克住宅（John Frank House，1955）便是由瓷砖堆砌而成的。

戈夫的代表作是位于俄克拉荷马市的巴维格住宅（Bavinger House，1949），房主是一位年轻的艺术学教授和他的陶艺师妻子。他们表示想要"一间宽敞开放的房子来满足他们的生活需求"（包括种植热带植物和养鱼），他们喜欢当地的砂岩，并且想要自己建造自己的房屋。

应客户的要求，戈夫采用砂岩设计了一栋螺旋形的房屋，漩涡处延伸出的屋顶、地板和楼梯都是围绕一根钢筋管道展开的。只有窗帘可以用来遮挡隐私，家具是安装在内的，比如床和悬垂的楼板齐平。厨房和浴室由厚厚的石墙建造而成，整间屋子是花草和鸟儿的天堂。在迎合客户的生活方式的同时，巴维格住宅反映了无拘无束、自由自在的美国梦。布鲁斯·戈夫成了美国中西部张扬个人魅力主义的代言人。

对页： 巴维格住宅的内部是一整个空间，正如戈夫所说的"碗形生活区域"。

上图： 布鲁斯·戈夫在信义会及教育大楼（Lutheran Church and Education Building），约1960年。

下图和右图： 位于俄克拉荷马市的巴维格住宅（1949）是戈夫的代表作。整座房屋，包括屋顶、地板和楼梯，从茂盛的植被中伸展出来，围绕着钢管徐徐展开。

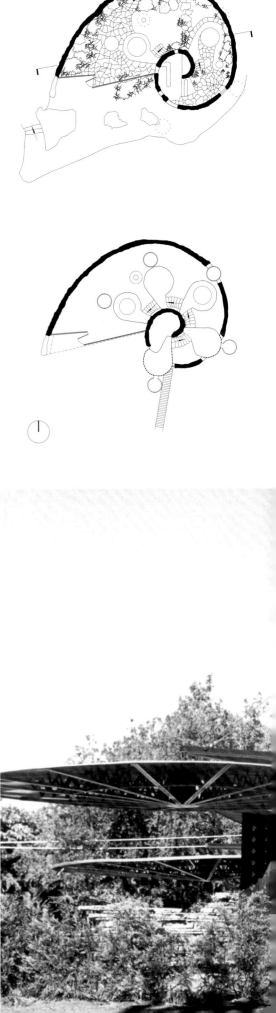

右图： 戈夫在俄克拉荷马州诺曼的莱德贝特住宅（Ledbetter House, 1948）中使用的高科技已超越了他所处的时代。这栋住宅有着别具特色的两块悬挂式的铝片装置，一块用作车棚，一块则作为露台。

左图： 霍普韦尔浸会教堂（1951）帐篷般的室内设计，格构梁由废弃的石油管道搭建而成。

布鲁斯·戈夫

- **1904** 生于堪萨斯州奥尔顿市
- **1916** 开始为拉什（Rush）工作，恩迪科特（Endicott）和拉什当时在俄克拉荷马州的塔尔萨
- **1930** 成为拉什的合作伙伴，与恩迪科特和拉什共事
- **1939** 在阿拉斯加美国海军工兵营服役
- **1947** 被任命为俄克拉荷马大学建筑学院院长
- **1949** 设计了他的代表作巴维格住宅
- **1982** 于德克萨斯州泰勒市去世

在威尼斯进入斯坦普利亚基金会(1963)

"有这么一个时候，你必须要想象一下事物的色彩。"

卡洛·斯卡帕

1906-1978

意大利

卡洛·斯卡帕（Carlo Scarpa）成长于威尼斯，他将自己对这座城市的热爱、对现代主义的着迷、对弗兰克·劳埃德·赖特作品的热情与传统工匠艺术以及东方韵味相结合，展现在他对波萨尼奥（Possagno）的卡诺瓦雕塑博物馆（Gipsoteca Canoviana,1957）的翻修与扩建中。这座博物馆内有安东尼奥·卡诺瓦（Antonio Canova）的石膏雕像。随着这项工程的收尾，斯卡帕开始致力于另外一项在他去世后为他带来巨大荣耀的工程——位于维罗纳的卡斯特维奇博物馆（Castelvecchio Museum,1956—1964）。

斯卡帕有完全的自由赋予这些待修整的博物馆以全新的生命力。在整个重修过程中，他都在不断地微调，并且拆除中世纪后期建造的重要部分。他的目的是诠释建筑的历史，每处新与旧之间都有清晰的界定，比如在主外观上，他没有使用哥特式的窗户，但系统地使用了矩形釉质框架作为空间节奏上的切分。同样，崭新的地板是由矩形的木板拼接而成，再配上石质框架。此外，雕塑都陈列在精致的钢架上。

斯卡帕对赖特的热情和流水别墅对他的启发尤其表现在威尼斯圣马可广场（St Mark's Square）奥利维蒂商店（Olivetti shop）的主楼梯中，虽说深受影响，却不乏斯卡帕对威尼斯传统的重新诠释。商店地板表面是传统威尼斯水磨石和马赛克的创造性结合。小小的、不规则的方形反光玻璃粘贴在阳光下的环带上——彩色水泥砂浆创造出一种曼妙的舞动模式。

在他设计的斯坦普利亚基金会（Querini Stampalia Foundation, 1963），参观者进入时，需要通过崭新的金属与木质结构桥梁，在一旁，水流穿过青铜支架静静地流入水门/贡多拉入口。用浇灌的混凝土和抛光的伊斯特拉石包裹着的"阶梯"从水中升起，并极具象征性地步入另一层楼。在主厅内，地面在直角的地方用伊斯特拉石镶边，以此与较低区域的墙面构成衔接。以上的部分，为了防止威尼斯的内涝，一律采用石灰进行包裹，并在表面设计出丰富多彩的纹理。对于天花板的设计，斯卡帕采用了几乎绝迹的工艺——威尼斯灰泥。这种工艺会产生出一种石膏状的大理石，像能反射光泽的热铁一般，十分坚硬。除了对光的特殊感应，这种材料还能吸收水蒸气，不论是从审美还是实用的角度看，都与威尼斯堪称绝配。

斯卡帕建造了一系列的新项目，包括享有盛名的位于阿尔蒂沃莱圣维特的布瑞恩家族墓园（Brion Cemetery, 1972，靠近特雷维索），以及维罗纳大众银行[Banca Popolare di Verona，始建于1972年，亨利·鲁迪（Arrigo Rudi）完成]。如果没有现成的框架结构，他的设计则是徒劳的。因此，斯卡帕作为20世纪最优秀的历史建筑重塑家而受人尊敬。

上图： 卡洛·斯卡帕，约1965年。

卡洛·斯卡帕

出生于威尼斯

毕业于威尼斯皇家美术学院

在威尼斯学院教授建筑绘图

在维尼尼（Venini）玻璃公司的艺术总监

离开维尼尼，开始独立的建筑设计生涯

1900　1906　1910　1920　1926 1927　1930　1933　1940　1948 1950

对页上图： 斯卡帕在对位于维罗纳的卡斯特维奇博物馆（1956—1964）的翻新设计中展现了时间的许多层面——地板上的地洞向下面的地基开放。

对页下图： 波萨尼奥的卡诺瓦雕塑博物馆（1957）里，阳光透过屋顶的方形窗户洒向室内的各个角落。

上图： 威尼斯圣马可广场奥利维蒂商店（1961）内，华丽的主楼梯占据了中心位置。这座楼梯的设计受到了弗兰克·劳埃德·赖特流水别墅的启发。

担任威尼斯建筑研究院院长

从楼梯上摔下后，于日本仙台去世

"曲线是我工作的精髓,因为它们是巴西的精髓,单纯而简洁。"

奥斯卡·尼迈耶

1907—2012

巴 西

　　奥斯卡·尼迈耶(Oscar Niemeyer)和一群年轻的巴西建筑师们一同与勒·柯布西耶建设了位于里约热内卢的巴西教育卫生部大厦(Ministry of Education and Health Building,1936—1943)。他是那群年轻人中最有天赋的一位,并凭借1939年纽约世博会巴西馆开启了自己的建筑生涯。虽然他深受勒·柯布西耶建筑风格的影响,但他后续的休闲系列建筑——赌场、游艇俱乐部和餐厅、富有流动性的潘普利亚度假村(resort of Pampulha,1943),都影响着柯布西耶晚期的作品。

　　尼迈耶的想法源于20世纪20年代巴西的进步文化,尤其是著名的蚕食欧洲模式的食人运动(Antropofágico)。在尼迈耶的作品中,他与勒·柯布西耶同时将"同类相食"这一概念变成一种巴西文化解放方式。然而,勒·柯布西耶希望用理性的线条表现巴西蜿蜒的风景,但对于尼迈耶来说,曲线则代表他对热带地区的喜爱和"女性柔美的曲线"。因此,在潘普利亚,波浪式的混凝土穹顶在湖边起舞,与旁边教堂蜿蜒的拱顶遥相呼应。

　　在位于卡诺阿斯的尼迈耶私人住宅(1953)里,曲线形的屋顶似乎漂浮在大地之上,仿佛汉斯·阿尔普(Hans Arp)或胡安·米罗(Joan Miro)的抽象画一般。连续性的折线蜿蜒在随意布置的曲线和平面之上;浅浅的拱门为餐桌腾出了位置,并且一路曲折延伸至室外的景观;游泳池是黑色粗线镶边的不规则形状,象征着周围的环境。整个设计摒弃刻意的一致性而追求与自然的呼应,由抽象的艺术作为调节,尼迈耶的作品与周围环境的融合手法无人能及,他将勒·柯布西耶自由平面的想法推向新的高潮。

　　尼迈耶醉心于具体的设计,并且希望巧妙地为建材减重,以此表现空间和结构的融合。反重力的屋顶和拱顶几乎出现在他所有的成熟作品中,从迪亚曼迪拉青年公寓(Diamantina Youth,1950)到康斯坦丁大学的主门厅轻松地支起一根跨度80米(262英尺)的脊骨柱。这种形式上的连续通过蜿蜒和螺旋上升的坡道得到不断地强化,并且创造出一个提升的公共区域,比如尼泰罗伊的当代艺术博物馆(Museum of Contemporary Art,Niterói,1996)。

　　虽然尼迈耶最知名的建筑并不是他最具说服力的作品,为结构减负也是他在巴西利亚的市政大厦(1960)中创造的"秩序",但尼迈耶的工作范围却是超凡的,并且他的创造性与差异性使他能预见未来的方向。这表现在他为法国圣博姆修道院(1967)提议的"人工地形",以及阿尔及尔清真寺(1968)中极具诱惑的仿生学单体式结构中。

对页: 位于尼泰罗伊的当代美术博物馆(1996)周边有着壮丽的风景,通过漫长的螺旋形上升坡道即可达到。

上图: 奥斯卡·尼迈耶,2010年。

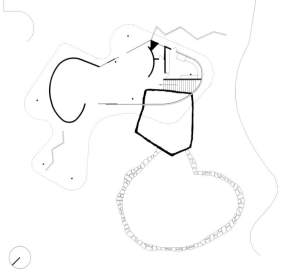

顶图： 1960年完工的市政大厦建筑群是新首都巴西利亚的核心区域，是由尼迈耶的朋友卢西奥·科斯塔（Lucio Costa）设计的。

上图： 位于卡诺阿斯的尼迈耶（1953）私人住宅将建筑与自然融合在一起，创造出一派人间天堂景色。

上图： 尼迈耶私人住宅随性的平面设计与抽象派画作极为相近。

奥斯卡·尼迈耶

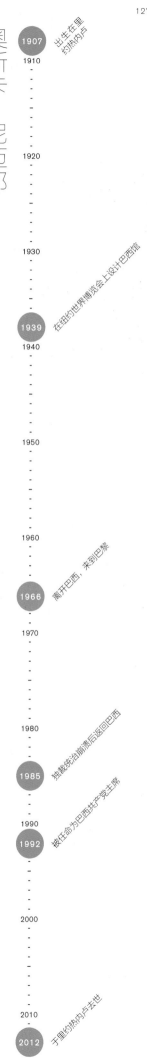

- 1907 出生在里约热内卢
- 1939 在纽约世界博览会上设计巴西馆
- 1966 离开巴西，来到巴黎
- 1985 独裁统治崩溃后返回巴西
- 1992 被任命为巴西共产党主席
- 2012 于里约热内卢去世

上图： 1943 年建成的位于潘普利亚的休闲建筑是对 20 世纪 20 年代勒·柯布西耶建筑模式卓有成效的发展。

位于洛杉矶的伊默斯住宅（Eames House, 1949）虽然是由价格低廉的标准钢筋制成，但很快成为 20 世纪房屋建筑的典范。

"谁说有趣的同时不能有用?"

查尔斯·伊默斯和蕾·伊默斯

1907—1978,1912—1988

美　国

受过正规培训的查尔斯·伊默斯(Charles Eames)是位有名的家具设计师,1940年,他获得了纽约现代艺术博物馆颁发的两项竞赛大奖。他的第二位妻子蕾·凯撒(Ray Kaiser)是一位画家。他们共同建造了世界一流的设计作品,开发了著名的胶合板—皮革躺椅和脚凳(1956);创新了玻璃纤维、塑料树脂和金属丝网家具;举办了许多展览,包括"数学软件:数字的世界……甚至超越"(1961),仍然被公认为是普及科学的典范;摄制了一些电影,包括1977年重新上映的《十的次方》(Powers of Ten)。

虽然伊默斯夫妇是多产的设计师,但他们的建筑声誉却只归功于一件作品——他们位于洛杉矶的私人住宅(1949)。这栋房子参与了一个住宅项目研究案例,由约翰·昂特扎[加州杂志《艺术和建筑》(Arts and Architecture)的编辑]主持,旨在促进世界范围内廉价房屋和优质设计的房屋与最新科技和材料的融合。1945年,伊默斯与合作伙伴埃罗·沙里宁(Eero Saarinen)一起对这栋住宅有了最初的构想。1948年秋天,当他们完成选址后,伊默斯突然改变了主意。结果,一栋精致的、采用标准的玻璃窗与钢筋框架的建筑横空出世,代表着悠闲舒适的乡村生活。阳光透过茂密的桉树林照耀进来,整个房间摆满了伊默斯精心收集的精致家具、植物和手工制品。

房子由一对2层的楼房组成,与庭院中一边60米长(197英尺)的护墙相对,护墙将房子与工作室隔开。细长的钢制工业化窗框,其水平比例像日式的屏风,有些涂上了黑色,有些上了彩釉,并且是与透明和半透明的玻璃交错在一起。时而会穿插一些白色或其他颜色的填充板,偶尔在大色块中还有小区分。室内的结构暴露出来,并且被粉刷成白色。装有胶合板踏板的螺旋楼梯一路攀升到卧室,而卧室内釉面墙则装上了屏风式的移动门。整个空间在光线的作用下变得魔幻无穷:阳光透过半透明的玻璃笼罩着屋子,不断变化的婆娑树影映衬在半透明的玻璃面上。

伊默斯轻松而巧妙地利用平凡的房子唤起新一代设计师的共鸣。随着美国消费者对产品的要求日益复杂,它的魅力也在不断增长。20世纪60年代中期,伊默斯的房子被认为是战后建筑的标志性成果之一,并且是一个完美的新兴消费社会的象征。

上图: 查尔斯和蕾·伊默斯在伊默斯私人住宅,1959年。

受IBM的委托，伊默斯夫妇的第一个展览
"数学软件：数字的世界……甚至超越"
（1961）仍然被公认为科学普及的典范。

查尔斯·伊默斯和蕾·伊默斯

上图： 伊默斯私人住宅内景。室内摆满了书籍、工艺品和伊默斯夫妇的旅游纪念品，房间展现出战后的消费文化。

下图： 轮转式的躺椅和脚凳（1956）很快成为现代经典，并且至今仍在生产。

- 1907 查尔斯·伊默斯出生于密苏里州的圣路易斯
- 1912 蕾·伊默斯出生于加利福尼亚州的萨克拉门托
- 1940 查尔斯·伊默斯与埃罗·沙里宁合作，获得了当代艺术博物馆举办的有机家具竞赛的大奖
- 1949 完成并搬迁至洛杉矶的伊默斯住宅
- 1961 "数学软件：数字的世界……甚至超越"展览启动
- 1968 《十的次方》上映
- 1978 查尔斯·伊默斯于密苏里州的圣路易斯去世
- 1979 获得英国皇家建筑师学会金质奖章
- 1988 蕾·伊默斯于洛杉矶去世

"永远把事物所处的环境纳入设计范围——将椅子所在的房间、房间所在的房屋、房屋所在的外界环境、外界环境所在的城市作为考虑的整体。"

埃罗·沙里宁

1910—1961

芬 兰

埃罗·沙里宁（Eero Saarinen）在他父亲利尔（Eliel）创立的位于底特律北部的克兰布鲁克艺术设计学院度过了他的青年时期。之后，他选择在耶鲁大学艺术教育学专业继续深造。1940年，与查尔斯·伊默斯共事，并且在纽约现代艺术博物馆主办的"有机"家具竞赛上获得了两项主要类别的一等奖。与伊默斯一样，他设计出了一系列的经典作品，包括蚱蜢躺椅和脚凳（1946）、子宫椅和脚凳（1948），以及最著名的"郁金香"系列家具（1956）。

沙里宁的第一项主要建筑任务是在密歇根州的沃伦市建造一个占地365公顷（900英亩）的通用汽车技术中心（Technical Center for General Motors，1949—1956）。他的设计以巴洛克花园形式为基础，为商业公司大厦的设计树立了标杆。虽然这是典型的密斯式样式，但他采用了两种不同的蓝色覆面镶板进行调和。沙里宁对当代媒体记者就创新技术的特征的热情描述是——用氯丁橡胶垫片将玻璃和搪瓷金属板固定在铝制框架内——他的野心是通过大规模的生产给建筑行业带来革命性的剧变。

沙里宁对"有机"形式建筑的热爱绽放在了充满张力的贝壳结构上。首先是麻省理工学院克雷斯吉礼堂（Kresge Auditorium）的屋顶（1955），其次是他最光鲜亮丽的作品——1956年为TWA（环球航空公司）在纽约建设的爱德怀德机场（Idlewild，现在的肯尼迪机场）。从媒体报道的照片上看，这只"大鸟"确实巨大无比，但实际上这座建筑比照片上的小得多，因为受到周围房屋的限制与技术问题的困扰。

沙罗宁在设计新机场[华盛顿杜勒斯国际机场（Dulles International Airport）]时，开始在正门设计长码头形式的建筑，代替耗时的上下飞机时的"走廊"。用他的话来说，关键是"机场建于装轮桩上的候机大厅是航站楼设计的一部分，可以从建筑本身中脱离出来，让飞机停靠在方便升降或服务的区域"。20世纪60年代，这种完全移动的建筑结构是欧洲先锋派梦寐以求的。航站楼像门槛一样，将地面和天空分隔开，巨大的混凝土屋顶由悬链线电缆作支撑，仿佛一个平面"徘徊于天地之间"。这种令人印象深刻的曲线屋顶由凹面玻璃构成，从外面看是透明的，避免了用平玻璃造成的不透明。这件作品完成于1962年，在沙里宁去世后不久便被认定为他的代表作。在大众印象中，1947年他为密苏里州圣路易斯市建设的杰佛逊国土扩张纪念馆（Jefferson National Expansion Memorial，拱门），在1965年正式启用之后也最终成为对沙里宁的怀念。

对页： TWA（环球航空公司）在纽约爱德怀德机场（现在的肯尼迪机场）的"大鸟"航站楼非常引人注目，但却被技术问题所困扰。

上图： 埃罗·沙里宁（左）与他的同事凯文·洛奇（Kevin Roche），约1953—1961年。

上图： 沙里宁率先设计出的贝壳形建筑结构，应用在了坎布里奇的麻省理工学院克雷斯吉礼堂（1955）。

右图： 位于弗吉尼亚州（1962）的华盛顿杜勒斯机场航站楼像门槛一样，将地面和天空分隔开。这栋主航站楼也正是沙里宁的代表作。

埃罗·沙里宁

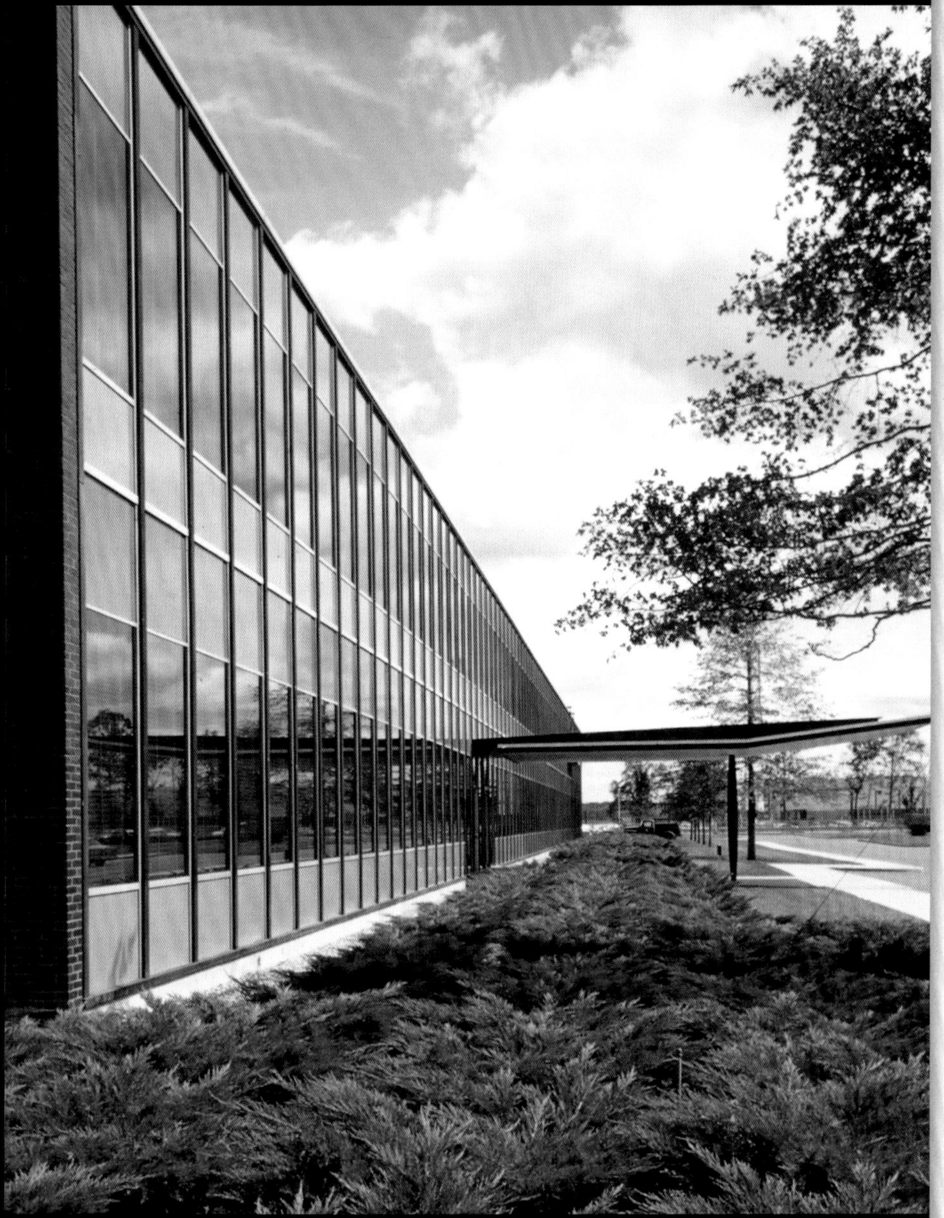

受到密斯的启发而设计的位于密歇根州沃伦市的通用汽车技术中心（1949—1956），为美国这类位于郊区的办公场所的设计树立了标杆。

1890

1900

1910 出生于芬兰的基尔科努米市

1920

1923 由于父亲利尔被调任至克兰布鲁克艺术设计学院而随迁至美国

1929 在法国大茅屋学院学习雕塑

1930

1940 与查尔斯·伊默斯共同设计的郁金香椅获得纽约当代艺术博物馆“有机家具装饰”奖项

1950

1956 被委任建设 TWA 在纽约的爱德怀德机场

1957 担任悉尼歌剧院设计大赛的评委，约恩·乌松（Jørn Utzon）最终夺冠

1960

1961 于密歇根州安娜堡去世

1970

1980

位于霍奇米尔科的坎德拉最知名的建筑 Los Manantiales 餐厅(1958),是由一连串有趣的"马鞍"形拱顶组成的。

> "所有的计算，无论多么繁复，都比不上自然现象本身来得复杂。"

菲利克斯·坎德拉

1910–1997

西班牙

1939 年内战后，菲利克斯·坎德拉（Felix Candela）被迫离开西班牙来到墨西哥。在那里，他很快找到了一份建筑师的工作。学生时期，他便展露出在几何方面的才华，并决定自学基本的结构工程学知识，于是他开始痴迷于几何和贝壳结构。在研究了欧洲拱顶设计大师、瑞士工程师罗伯特·马亚尔（Robert Maillart）和其他前辈的作品后，他建造了自己的第一座贝壳结构建筑。他采用索状形式，也就是采用能承担起自身重力的拱顶。在这件作品大获成功之时，他成立了一家公司专门设计和建造贝壳结构建筑。期间，他一共建造了 300 多座该形式的建筑。

坎德拉选择的领域比本书中介绍的任何一位大师都要窄得多。但正如 20 世纪最有争议的伟大建筑师皮埃尔·路易吉·奈尔维一样，这恰恰集中体现了创造这些伟大成就的强大理念。对于坎德拉来说，成功的工程师需要具备三个品质：保护自然环境；设计简约，坎德拉（和奈尔维）的大多数项目都只有最低的预算；避免丑陋，追求在成品中体现内在美。

坎德拉的首个建筑精品——宇宙射线实验室（Cosmic Rays Laboratory）——是为墨西哥大学建造的，完成于 1951 年。这栋建筑使用的混凝土厚度仅为 16 毫米（9/16 英寸），至今仍是史上最薄的贝壳结构建筑。它展示出双曲抛物面力量形成的关键因素，与"缝合的曲线"相同，复杂的三维曲线是由互相交错的直线演化而成的。这使得它们不仅易于计算，而且容易构建，因为这种模板可以用木材制成。

宇宙射线实验室的贝壳式"马鞍"形结构，七年后在库埃纳瓦卡的马洛斯教堂（Chapel of Lomas de Cuernavaca, 1958）的设计中被拉伸到令人惊叹的尺寸。此处设计的混凝土尺寸为 21 米（69 英尺）高，4 厘米（1 1/2 英寸）厚。类似的形式也同样出现在其他著名的建筑中，比如同样完成于 1958 年的位于霍奇米尔科的 Los Manantiales 餐厅。这栋建筑的设计与"工程经济"的本质紧密相连：它的建筑灵感不仅来自八片花瓣的花朵，还来自海洋里的贝壳。

类似的几何原理与结构同样被应用于坎德拉建造的其他综合建筑群。比如，位于墨西哥城的神奇勋章的圣母教堂（Church of Our Lady of the Miraculous Medal, 1955）通过计算得出的"自然"结构理念，不孚众望地描绘出"哥特式"的画卷，不禁令人想起他的同胞安东尼·高迪。虽然坎德拉仰慕高迪的作品，但他却从不会有意识地模仿，他们设计的作品都是出于对自然的深刻理解与诠释。

上图： 菲利克斯·坎德拉，1956 年。

对页上图： 位于墨西哥城的宇宙射线实验室，屋顶厚度仅为 16 毫米（9/16 英寸），展示了贝壳式结构的巨大潜力。

对页下图： 神奇勋章的圣母教堂（1955）位于墨西哥城。正如坎德拉的偶像高迪的作品一样，这座教堂内部的设计重现了昔日哥特式的拱顶结构。

位于库埃纳瓦卡的马洛斯教堂（1958），其混凝土贝壳屋顶厚度仅为 4 厘米（1 1/2 英寸）。

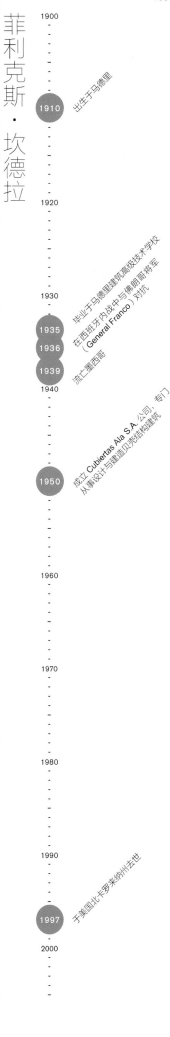

菲利克斯·坎德拉

- **1910** 出生于马德里
- **1935** 毕业于马德里建筑高级技术学校
- **1936** 在西班牙内战中与佛朗哥将军（General Franco）对抗
- **1939** 流亡墨西哥
- **1950** 成立 Cubiertas Ala S.A. 公司，专门从事设计与建造贝壳结构建筑
- **1997** 于美国北卡罗来纳州去世

"我会来到选址地，调动所有感官去寻找其与众不同之处。"

约翰·劳特纳

1911—1994

美　国

约翰·劳特纳（John Lautner）的父母十分热爱建筑。早期，对他影响最大的事是参与父母在苏必利尔湖畔建造悠闲的夏季别墅。他没有在大学专攻建筑，而是选择当弗兰克·劳埃德·赖特的学徒。1938年，他搬去洛杉矶监理赖特设计的斯特奇斯住宅（Sturges House）并决定留下来，设计深受好莱坞欢迎的房屋。在詹姆斯·邦德（James Bond）系列电影之《金刚钻》（Diamonds are Forever，1971）中，威拉德·怀特（Willard Whyte）正是被囚禁于这栋埃尔罗德住宅（Elrod House）。在电影《谋杀绿脚趾》（the Big Lebowski，1998）中，大勒博斯基（Big Lebowski）也正是在希茨公寓（Sheats Residence）被下了药。受鲍勃·霍普（Bob Hope）的委托，劳特纳设计出了他最为惊艳的作品。

劳特纳的建筑成就在他生前的大部分时间里受到质疑，他去世之后才声名鹊起，备受青睐。其中原因有很多：1945年后，他反理性主义的风格被认为是修正主义的一部分；他对有机形式的钟爱与一系列基于计算机生成的设计相吻合；此外，他像赖特一样，在结构设计方面有非凡的技能，并且他设计的房屋能为周围的环境锦上添花。

劳特纳最著名的设计是位于好莱坞山被称为"光化屋"（Chemosphere）的马林公寓（Malin Residence，1960）。这栋别墅建造在陡峭的山丘上，当地承包商认为那里不可能建造房屋。于是劳特纳设计用一根混凝土立柱撑起整个八角形的悬臂梁结构。穴状的主卧的设计像三年后建造的希茨公寓一样，令人头晕目眩。1972年，詹姆斯·戈尔茨坦（James Goldstein）买下这栋房屋，并要求劳特纳在拐角处安装一整块无框的透明大玻璃，并且可以通过开关加以控制，加剧了原本就令人眩晕的效果。

劳特纳在为埃尔罗德房屋选址时挖地2米（7英尺），使岩石裸露，在周围用黑色石板作为地面。精心设计的圆形地毯仿佛漂浮在棕榈泉（Palm Springs）之上。类似的流线体设计也体现在位于阿卡普尔科的大型的阿朗戈-马尔布里萨住宅（Arango-Marbrisa House，Acapulco，1973）中。整栋建筑看似没有墙壁，用混凝土立面和悬臂梁勾画出了一幅蜿蜒的景致。为了应对阿斯彭多雪的气候，劳特纳在特纳住宅（Turner House，1982）的设计中，将巨大的屋顶和随着地势波动的地板拼接在一起。

尽管恢复劳特纳的声誉已然是理所应当的，但他对细节的处理和对成品的选择让他的风格变得飘忽不定。他以尊重客户的意愿而著称，这些与我们真实生活住所大为不同的神秘住宅，至少可以出现在照片里——像舞台一样——等待着在银屏中亮相。

对页： 位于洛杉矶的被称为"光化屋"的马林公寓（1960），是一座典型的在几乎"不可能的"选址上铸造的特色建筑。

上图： 约翰·劳特纳。

约翰·劳特纳

- **1911** 出生于密歇根州的马奎特
- **1933** 成为赖特塔里耶森学社（Taliesin）的第一批成员
- **1938** 于洛杉矶开创自己的事务所
- **1944** 在道格拉斯·汉诺德（Douglas Honnold）事务所做设计助理
- **1971** 埃尔罗德住宅在詹姆斯·邦德系列电影之《金刚钻》（1971）中登上银幕
- **1985** 作品被艾伦·赫斯（Alan Hess）收入《未来主义建筑：五十间咖啡馆》（*Googie: Fifties Coffee Shop Architecture*）一书
- **1994** 于洛杉矶去世

上图： 位于墨西哥阿卡普尔科的阿朗戈-马尔布里萨住宅（1973）用混凝土材料构建出一道蜿蜒的风景，成为劳特纳最宏伟壮丽的设计。

对页上图： 洛杉矶的希茨公寓（1963），其主卧里安装着无框的滑动玻璃门，可以将整座城市尽收眼底。

对页下图： 建造棕榈泉的埃尔罗德住宅（1968）时，劳特纳挖掘出深藏地下的岩层，以此来点缀周围浩瀚的黑色石板。

"现代建筑师面临的一个最大问题是如何在取得进步的同时，兼具历史建筑中散发出的人文情怀。"

约瑟·安东尼·科德尔奇

1913—1984

西班牙

第二次世界大战后，西班牙在佛朗哥将军的统治下，很大程度上与国际发展相隔绝。尽管如此，20世纪40年代后期，巴塞罗那——这座传统意义上的西班牙最为开放的城市、西班牙著名建筑师安东尼·高迪的故乡，正开始努力构建与外界的联系。

其中首位做出创造性回应的便是约瑟·安东尼·科德尔奇（José Antonio Coderch）。早期发表过关于本国主题的论文之后，他于1951年完成了预示着他未来作品的项目。首先是位于卡德斯伊弗斯拉克的乌加尔德公寓（Casa Ugalde）。针对不规则的地形，以及为了寻求最佳观景点，科德尔奇设计出特定角度的立面和蜿蜒的墙面。他问心无愧地将本国建筑的特色应用在了国际化的现代主义建筑中。在白墙和透明玻璃的相互作用下，幽静昏暗的室内和阳光灿烂的露台彰显出宁静的气氛。他后期的作品也因此特质而颇有声誉。

科德尔奇受委托在巴塞罗那的海滨区域巴塞罗那塔的一角为退休船员建造一栋公寓楼。这个项目最初的设计有着类似迷宫一样的墙壁，不禁令人想起高迪的米拉之家（1910）那柔和起伏而又均匀对称的墙面。然而，这里的一切并非随意设计。整栋公寓的房间大小不同，形状各异。墙面根据室外的风景而选取最佳的角度，并且外墙设有金属框架的木质百叶窗。与传统风格一样，墙面贴上瓷砖，并且在正门中央的位置构架出一个宽敞而平坦的飞檐。由于精致的细节和光鲜平滑的质感，这栋建筑至今依旧富有十足的现代感。

科德尔奇第三次大显身手是在1951年的米兰三年展。展览上，他的小型西班牙馆被誉为西班牙"现代性"的典范。他巧妙地将伊比萨岛的房屋、高迪建筑、艺术与工艺品并列呈现。从表面上看，虽然科德尔奇的作品显得清晰、冷静，但他后期的建筑很大程度上规避了乌加尔德公寓中的有机几何图形。他越来越青睐直角的公寓楼与建筑群外观设计，而其余的创作灵感则潜伏于平静的表面之下。

例如，青蛋白石公寓楼（1961）蜿蜒的墙体将房屋和壁炉包围；巴塞罗那贸易大厦（1965）有着波动的表面，其窗帘样式的设计风格清晰可见；巴塞罗那建筑学院（Barcelona School of Architecture）的扩建项目（1978）中，大概受到各种生物形态的启发，科德尔奇所做的设计大多是扁平的或呈"S"形的曲线，以此向大师高迪和他伟大的助手约瑟夫·玛利亚·乔杰尔（Josep Maria Jujol，1879—1949）致敬。

上图： 约瑟·安东尼·科德尔奇，1971年。

左图： 位于卡德斯伊斯拉克的乌加尔德公寓（1951），不仅与所处环境完美融合，还将本国特色与国际风格相结合。

下图： 科德尔奇凭借巴塞罗那建筑学院扩建项目（1978）蜿蜒伸展的墙壁，向他的偶像高迪致敬。

约瑟·安东尼·科德尔奇

巴塞罗那塔公寓（Barceloneta Apartments, 1951）传统的百叶窗背后有着复杂的设计，以此达到最佳的观景效果。

- 1913 出生于巴塞罗那
- 1936 参加西班牙内战
- 1947 在巴塞罗那创建自己的事务所
- 1961 加入 R 组，并且成为团队里最活跃的成员
- 1965 在高等建筑技术学院担任教授
- 1979 参加纽约现代艺术博物馆举办的"现代建筑中的转型"展览
- 1984 于巴塞罗那去世

位于高松的川香县政府办公大楼（Kagawa Prefectural Government Office，1958），结合了勒·柯布西耶的设计风格与日本本土的传统木屋风格。

"能肯定的是，传统可以融入创新，但它本身不再可能成为创新点。"

丹下健三

1913—2005

日　本

第二次世界大战后期，被迫美国化的日本经历了一段探索日本文化未来的全国范围内的自我反省。在建筑领域的趋势是将传统结构与空间设计转变为理性的现代混凝土形式，并且加大建筑的尺度。然而，没有人比丹下健三（Kenzo Tange）的成就更令人折服。

在川香县政府办公大楼（1958）的设计中，他用水泥柱将底层架空，用作公共区域。和丹下的其他早期作品一样，这一设计受到了勒·柯布西耶理念的影响。但清晰可见的是，原本传统的木质材料被混凝土所取代，然而这被很多人谴责，认为传统的痕迹太重。丹下在仓敷市政厅（Kurashiki City Hall，1960）建造过程中的尝试似乎超越了木质框架的结构。日南文化中心（Nichinan Cultural Centre，1962）更具有创新性，大礼堂倾斜的地板催生出一连串倾斜的对角线、斜墙和截面。

1964年东京奥运会日本国家体育馆（National Gymnasiums，1964）的设计代表着丹下的创作达到了巅峰。设计中，他运用了20世纪50年代被广泛运用在各式建筑中的富有张力的钢结构；然而在之前的案例中，都没能做到让线条优雅而独特地交错，外在形式与内部设计充分地结合。他全面利用混凝土结构，固定地面的电缆，这样的设计同样被运用在支撑大型体育场的上层座位的设计中。

丹下的建筑越来越令人印象深刻，同时他也开始关注东京等其他城市爆炸性增长所带来的挑战。1960年，基于日本"新陈代谢派"（Metabolist Group）将城市看作动态的、发展的体系的观点，他为东京设计了城市方案A（A Plan）。现在看来，这似乎是出于迫切希望实行建筑秩序——为住宅和其他综合服务大楼设计"支撑结构"，但这种消费主义引发的混乱又给各式建筑增色添彩。

例如山梨新闻广播中心（The Yamanashi Press and Broadcasting Centre，1966），从理论层面上看，有着潜在的"开放"空间结构，能够向四面八方展开，并且摆脱了传统元素的束缚。从组织层面上看，这栋建筑无意中受到路易斯·康的作品理查德医学研究中心（1961）的影响，但形式上却展现了丹下自己的表现手法，这种自身的表现手法形成于仓敷市政厅的设计和传统寺庙等表现手法不太明显的作品中。随着静冈新闻广播东京支社（Shizuoka Press and Broadcasting Centre，Tokyo，1967）的建立，丹下在设计中依旧保留了"契合"与伸展的元素，但在融合形式上却更加冷静，这也为他后期作品中的大量国际元素的运用打下了基础。

上图： 丹下健三。

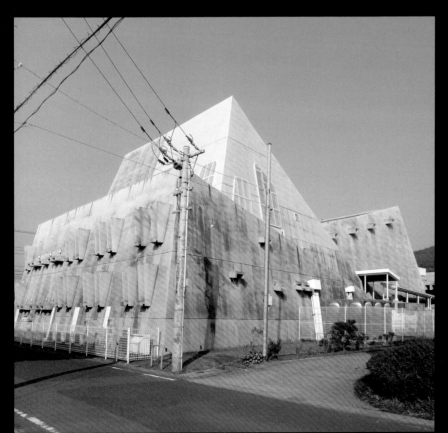

上图： 虽然在形式和构造上都是彻头彻尾的现代风格，但仓敷市政厅（1960）依旧让人想起古代木质建筑。

左图： 日南文化中心（1962）大礼堂倾斜的观众席地板催生出一连串引人注目的原创作品。

下图： 东京湾（Tokyo Bay, 1960）是丹下杰出的设计作品。这个方案将东京改造成线性结构城市，各种社区及小城镇依次沿着中心轴排列。

底图： 东京奥运会日本国家体育馆（1964）运用精湛的拉伸结构，与内部组织融合，形成美丽的造型。

丹下健三

- 1910
- **1913** 生于大阪
- 1920
- 1930
- **1935** 被东京大学建筑学系录取
- 1940
- **1945** 负责广岛的战后重建工作
- **1946** 成为东京大学助理教授
- 1950
- **1959** 完成题为《大城市中的空间结构》（Spatial Structure in a Large City）的博士论文
- 1960
- 1970
- 1980
- **1987** 获普利兹克建筑奖；揭晓新东京市政厅（Tokyo City Hall）建筑群设计方案
- 1990
- 2000
- **2005** 于东京去世
- 2010

"物理结构需被赋予一定的社会经历。"

拉尔夫·欧司金

1914—2005

英　国

拉尔夫·欧司金（Ralph Erskine）出生于英国。1939年，他来到瑞典考察当地蓬勃发展的社会导向性现代建筑。作为一位有责任心的反抗者，他认为第二次世界大战的爆发制约了他的发展。他与英国女友结婚后，在位于斯德哥尔摩附近的名为 Lissma 的地方做一些零碎的工作维持生计。他们于 1942 年在那里建造名为"箱子"（Box）的只有厨房和客厅的房子。客厅的折叠沙发既可当双人床，也可收起来，为他们腾出工作区域。北面入口处的墙面是用木质绝缘材料制成的，这是唯一的供暖来源，而南面向外探出的屋檐将原本可以采光的落地玻璃窗陷入阴影之中。

"房屋是麻雀虽小，五脏俱全。"这是欧司金设计理念的诠释，也表达出早期他对"可持续设计"的愿景。在大型设计中做到有条不紊并非易事，而他在拉普兰的博尔加弗加尔设计的滑雪旅馆（Ski Hotel）几乎做到了这点。主楼梯如山脉一般连绵起伏。在休息区内，石板面的走廊在矩形的卧室之间蜿蜒迂回。电线杆斜撑着低垂的屋檐，酷似幼儿园的滑雪坡道。

欧司金借鉴遥远的北方建筑设计经验，于 1958 年设计出引人注目的"北极村"（Arctic Town），并总结应对严寒气候的建筑方案。他的设想是，用高大而严实的墙体包裹住宅群的北面、东面和西面，再现中世纪城堡围墙的风格。1964 年，他设计完成了首个"围墙建筑"，该住房项目位于斯瓦帕瓦拉市的北极圈内。在设计位于纽卡斯尔泰恩湖畔的拜克住宅项目（1969—1981）时，他对方案做了调整，因为这次强调了隔音效果。拜克住宅墙壁大胆的临街设计和开放的彩色木质阳台成为该项目的标志，也因计划设计时广泛的民意调研而备受瞩目。

在欧司金设计的众多建筑中，没有比斯德哥尔摩附近的斯特罗姆别墅（Villa Ström，1961）更具备生物气候学设计理念的了。房屋建造在陡峭的山坡上，为了节约空间，外观设计成立方体形状。独立的阳台降低了结构上的热量传递。室内的空间围绕着中心壁炉旋转而下，而上层的墙面角度经过精心计算，使阳光满满地反射到屋子的正中央。欧司金的业务范围逐渐覆盖了整个住宅和商业项目，其中包括位于伦敦哈默史密斯（Hammersmith）的"方舟"办公楼（1992）。他成熟时期的代表作是斯德哥尔摩大学弗拉斯卡蒂校区的学生中心和图书馆（Student Centre and Library，1974—1982），他大规模使用了在住宅建筑中的居住理念和被动式节能设计。

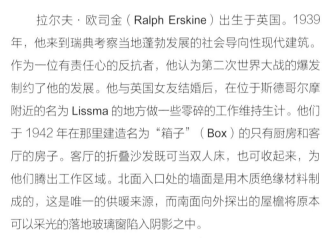

对页： 斯德哥尔摩大学弗拉斯卡蒂校区图书馆（1982）的阳台别具特色，它们因架空而向外延伸，与主建筑形成"热量分割"。

上图： 拉尔夫·欧司金，1960 年。

拉尔夫·欧司金

- **1914** 出生于英国的诺森伯兰郡
- **1925** 被一所贵格教派学校录取，对他的思想观念造成了影响
- **1939** 骑自行车去瑞典
- **1955** 买下一艘破旧的泰晤士驳船，并将其改造成办公室向瑞典航行
- **1987** 获得英国皇家建筑师学会金质奖章
- **1998** 凭借北格林威治千年村（Millennium Village）获奖
- **2005** 于瑞典皇后岛去世

上图： 位于纽卡斯尔泰恩湖畔的拜克住宅项目（1969—1981）坐落于主干道旁。高大严实的墙体正是这栋公寓楼的最佳保护层。

下图： 欧司金的"北极村"住宅群，四周由墙体环绕。并且他在之后的多处设计中也沿用了这一方案。

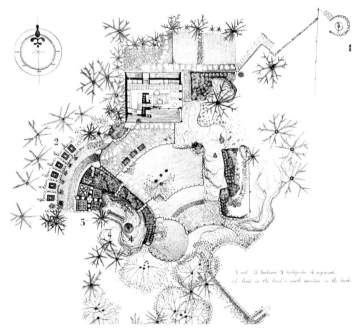

下图和底图： 欧司金在战争时期在瑞典建造的小型住宅"箱子"（1942）预示了他日后在建筑设计中对气候的关注。

"对于真正的建筑构造来说，必须深切地理解与尊重所有材料的本质及潜能。"

埃拉迪欧·迪斯特

1917—2000

乌拉圭

相比建筑师而言，埃拉迪欧·迪斯特（Eladio Dieste）更像一位工程师，因为他建造了许许多多实用的建筑——棚屋、顶棚和高高的水塔，以及三座位于乌拉圭境内的举世瞩目的教堂。当他在蒙得维的亚学习的时候，随处可见加泰罗尼亚的传统砖瓦拱顶和重叠的瓷砖贴片。安东尼·高迪结构设计的成就为图形计算分析法提供了支持，并且促使加泰罗尼亚式的建筑于19世纪蓬勃发展。迪斯特的设计几乎都采用砖砌加筋和瓦片。

在理解成本和美学来源于根据力量调整内部元素的基础上，迪斯特提炼出四种基本的结构类型：纯压缩式拱顶，跨度为54米（177英尺）；横向压缩的圆弧贝壳式屋顶，比如拱门，用纵向排列的横梁来抵抗弯曲（这种反重力的"海鸥式"设计，最初用在加油站的建造中，整个建筑由一根立柱作为支撑，是迪斯特对此类结构所做的卓越发展）；直纹曲面由直线构成，这便是他最著名的建筑——位于阿特兰蒂亚的教堂（1960）蜿蜒的墙面的奥秘所在；折板结构，被用于杜拉斯诺的圣彼得教堂（Church of St Peter，1971）的新中殿。

阿特兰蒂亚的教堂堪称结构设计中的杰作，轻薄的墙面随着结构的承载力绵延弯曲。楼梯和镂空扶手同样由砖块制成，正如迪斯特所说，与混凝土相比，砖块不仅是当地特色，而且更具有抵抗力，适应当地气候，且具有良好的隔热和隔音效果。砖块也备受工艺师的喜爱，并被广泛应用，因此这种砖块结构的作品不但美观，而且"便宜得离谱"。

乍眼一看，或许巴西利卡的布景和杜拉斯诺的教堂中殿略显单调乏味，但通过近距离观察会发现，它们几乎没有明显的支撑，仅仅依靠那奇迹般的单薄墙面。实际上，这栋教堂有三面折板：两个不规则的"Z"形折板分别位于两个墙面，还有一面则用在中殿倾斜的屋顶上。砖块和钢筋混凝土结合而成的屋顶厚度仅为8厘米（3英寸），但跨度超过了30多米（98英寸）。屋顶和墙面的衔接处有小型的立柱凹孔，能让光线自然地照射进来，创造出奇妙的光影构图。

迪斯特对"旧式"砖瓦建筑的热情导致他在主流的现代建筑史上被忽略了。然而，他的作品却可以愉快地提醒人们该如何使用这些成品。正如这位哲学工程师所说："要遵循世界本质的规律。"

对页： 迪斯特用80毫米（3英寸）的折板与砖块和钢筋混凝土相结合，建造了乌拉圭杜拉斯诺的圣彼得教堂（1971）中殿。

上图： 埃拉迪欧·迪斯特，1965年。

阿特兰蒂亚的这座教堂（1960）蜿蜒的墙面采用了由直线构成的"直纹曲面"。教堂完全由砖块建造，有着轻薄的墙面和拱顶，在结构设计上堪称绝技。

埃拉迪欧·迪斯特

- 出生于乌拉圭的阿蒂加斯
- 毕业于蒙得维的亚共和国大学
- 在克里斯蒂亚尼与尼尔森公司担任工程师
- 担任蒙得维的亚大学桥梁与大型结构学教授
- 成立迪斯特与蒙塔内兹建筑设计公司

1910 · · · 1917 · 1920 · · · · · · 1930 · · · · · · 1940 · 1943 1945 1947 1950 · · · 1956 · 1960 · · · · · · 1970

于家得维的亚去世

1980　　　1990　　　2000　　　2010

海牙罗马天主教堂(Roman Catholic Church,1969)的圆屋顶灯横跨主横梁,将复杂的空间统一起来。

"建筑就是相互间的表达。"

阿尔多·范·艾克

1918—1999

荷兰

1947年,在英国现代建筑国际大会(International Congress of Modern Architecture)上,阿尔多·范·艾克(Aldo van Eyck)作为批判战前功能主义的发言人脱颖而出。他主张运用想象力而不是分析能力,拒绝类似于"空间"和"时间"的抽象概念,更倾向使用类似于"场所"和"场合"等概念,强化人类具体的经历。

同年,当范·艾克受邀为阿姆斯特丹设计一系列运动场时,他将这些理念付诸实践的机会到来了。其中,多处地址选在被炸弹破坏过的场所。他把日后被称为"局部对称性对你眨眼"的古典庄严与荷兰风格派艺术运动的动感活力相结合,成为自己建筑设计的探索性尝试。

范·艾克有着丰富的旅行经验,伊斯兰城市的叠加式结构为他设计阿姆斯特丹城市孤儿院(Amsterdam Metropolitan Orphanage,1960)带来了灵感。这栋房屋基本上是由正方形的"隔间"加上扁平的圆顶构成,这些"隔间"聚合在一起,形成不同年龄组的"住宅"。这些房间沿着室内蜿蜒的"走道"而建,房间外是小广场。这种不断重复的结构后来被谴责为"结构主义",范·艾克通过使用矮墙、变换楼层、大胆并微妙的颜色和随性的圆形场地来营造不同的场所,其中包括一半在室外一半在室内的"台阶",以此来表达"之间区域"的狭小。

在范·艾克后来设计的海牙罗马天主教堂(1969)中,圆形承担了主要角色。圆形的小教堂和忏悔室设在室内与室外之间。圆形的屋顶吊灯连接着横梁,与天花板融为一体。

主入口以细微的不同的方式喜迎不同"场合"的出入人群。人们进来时,无论是独自一人还是和家人一起,都要穿过一扇向内打开的普通大小的门;当人群离开时,则是通过一扇宽敞的向外开启的旋转门。在门缝处,范·艾克安装了一小块正方形的玻璃板,用以洞悉内部的世界。

阿姆斯特丹的胡伯图斯公寓(Hubertus House,1978)有着丰富的类似微妙设计。部分延伸和部分转换的理念拓展了空间的概念,促进新旧、公私空间之间相互作用。而最能代表范·艾克独特视觉艺术的项目要属位于奥特洛的库勒-慕勒美术馆(Kroller-Muller Museum)内的松赛比克展亭(Sonsbeek Pavilion,1966)。该展亭最初是为摆放雕塑而临时搭建的,因十分受欢迎,于2006年重建。

亭子的圆形地基上均匀地平行排列着方形隔板墙。从雕塑的底座到围墙,有着大小不一的圆圈。墙上的开口为雕塑的延伸提供了空间——这是范·艾克"迷宫般清晰"理念的完美化身。

上图: 阿尔多·范·艾克,1967年。

位于奥特洛的库勒-慕勒美术馆内的松赛比克展亭(1966,重建于2006年),展现了范·艾克对"迷宫般清晰"这一理念的热爱。

顶图： 阿尔多·范·艾克在设计阿姆斯特丹孤儿院（1960）时，使用矮墙、变换楼层及自然光线与人造光线相结合的方式来营造他所谓的"一大堆地方"。

上图： 阿姆斯特丹胡伯图斯公寓（1978）彩虹般的墙面昭示着其内部空间的错综复杂。

阿尔多·范·艾克

- **1918** 出生于乌得勒支的德伯珍
- **1919** 随家人搬迁至英国，并于英国就读小学
- **1942** 毕业于苏黎世的 ETH（苏黎世联邦工学院）
- **1954** 合作成立"十人小组"
- **1959** 开始编辑《论坛》（Forum）杂志
- **1966** 担任代尔夫特理工大学教授
- **1990** 获英国皇家建筑师学会金质奖章
- **1999** 于费赫特河畔卢嫩去世

作为"城市图标"的悉尼歌剧院(1973)不但未受到选址的束缚,而且以精湛巧妙的设计与海湾相映成趣。

"作为一名建筑师，你需要爱上事物的本质，而不是为了形式和风格而斗争。"

约恩·乌松

1918—2008

丹麦

许多建筑师会在大自然中寻找灵感，但始终如一的只有约恩·乌松（Jørn Utzon）。也正因如此，他和安东尼·高迪一样备受当今数字化设计师的青睐。在联排式院落住宅设计中，他把所有的屋子想象成盛开在枝头的樱花——虽然相似，但各有千秋，这处美妙绝伦的建筑群就是位于赫尔辛格的金戈居住区（Kingo Houses，1962）。乌松以此展现这种概念的无限潜能。然而，在费雷登斯堡（Fredensborg，1964）的建设中，乌松对细节的追求达到了极致。他在图纸上设计出应对周围环境与气候的围墙，与中世纪的城堡围墙如出一辙。

乌松的代表作悉尼歌剧院（Sydney Opera House）的灵感来自于1958年他获奖前在墨西哥的见闻。歌剧院建造在狭窄的海角处，整座建筑的后台、"辅助"空间都环绕于架空的台阶坡道，仿佛镂空版的玛雅神庙。不同于其他参赛的设计师们首尾相接的设计，乌松将大礼堂设计成并排摆放的模式。这样"地质的"平台与悉尼港的悬崖峭壁相映成趣，而展开的贝壳式屋顶在夜晚灯光的照射下熠熠生辉。

在整个建造过程中，乌松潜心在自然中寻求灵感：玻璃隔断的灵感来自贼鸥的翅膀，大厅座位的灵感来自侵蚀的悬崖，吸音天花板的灵感来自起伏的波浪。虽然他的设计都成了现实，但极为不公的是乌松被迫辞职。即便如此，悉尼歌剧院也稳稳地坐上了20世纪杰出公共建筑的宝座。

乌松在大自然的细胞结构中继续潜心寻找"叠加式建筑"的灵感。这些新的理念都融入了科威特国民议会大厦（1982）和哥本哈根的巴格斯瓦德教堂（1976）。混凝土框架的外观下暗藏着汹涌波涛，比悉尼歌剧院更像云朵，在灯光下营造出魔幻的神奇效果。

在乌松为自家设计位于马略卡岛的肯莉斯住宅（Can Lis，1973）时，再次从自然界中获得了灵感。他将住址选在了一个直径为20米（66英尺）的悬崖下的山洞内。之前他曾在西尔克堡美术馆（Silkeborg Museum）地下室的建设中与山洞地貌有所接触，而这也是最能突显他"有机建筑"的项目，其深深地受到了勒·柯布西耶晚期作品的影响。

然而，在马略卡岛上，另一个关键性的启发根植于当地的房屋特色与地中海文化的石头建筑。乌松的设计方案旨在建设小型的建筑。露台随地面和水平线调整，大型无框窗户深刻地揭示了挑高的客厅内洞穴的迷离抽象。午后阳光斜照进屋内，稍作停留后匆匆而逝：每日阳光照射的痕迹，生动地展现在石头上。这种现代感毋庸置疑，似乎既自然又永恒。

上图： 约恩·乌松，1965年。

马略卡岛的肯莉斯住宅(1973)是乌松的自家住宅。它是一处以客厅为中心的小型"居所"。

约恩·乌松

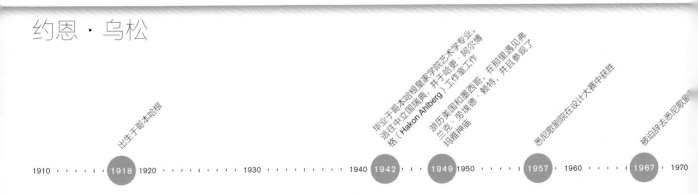

1918	出生于哥本哈根
1942	毕业于哥本哈根皇家学院艺术学专业。逃往中立国瑞典,并于哈肯·阿尔博格(Hakon Ahlberg)工作室工作
1949	游历美国和墨西哥,在那里遇见弗兰克·劳埃德·赖特,并且参观了玛雅神庙
1957	悉尼歌剧院在设计大赛中获胜
1967	被迫辞去悉尼歌剧院[工作]

1910 · · · 1918 1920 · · · · 1930 · · · · 1940 1942 · · 1949 1950 · · · 1957 1960 · · · · 1967 1970

上图： 凭借弗雷登斯堡（1964）的庭院设计，乌松使用单一的建筑材料实现了传统住宅的永恒与统一。

下图： 受到云朵的启发，乌松在设计哥本哈根的巴格斯瓦德教堂（1976）时，用混凝土构造出了层层的云朵般的天花板。

"建筑的理念无法解释,只能体会。"

杰弗里·巴瓦

1919–2003

斯里兰卡

杰弗里·巴瓦(Geoffrey Bawa)为奥斯蒙德(Osmund)和艾娜·德·席尔瓦(Ena de Silva)设计的位于科伦坡的住宅(1960—1962)或许被认为是普通民居。因为这栋临街住宅的门廊是由巨大的圆木作支撑,并以藤条作门檐;类似的圆木立柱围绕成了中庭,厚重的瓦片有着严实的质感。然而,这栋住宅却具有现代特征:房间和回廊之间的景致增强了整栋房屋的空间感。

这栋房屋搭建之时恰逢进口管制,玻璃和钢材极度短缺,于是巴瓦被迫就地取材。一直以来,传统的四合院形式被斯里兰卡遗忘了,而巴瓦的建筑则完全适应当地的热带环境,他将游历时习得的普遍建筑模式与当地的建筑风格结合起来,其巨大影响力引发了四合院式建筑在斯里兰卡的复兴。巴瓦还造就了本托塔海滩酒店(Bentota Beach Hotel,1967—1969,修缮于1998年)等一系列酒店度假山庄。

同样,这里给人的第一印象也是传统的形式,有着波浪形的砖瓦屋顶和宽敞明媚的阳台,布局也深受勒·柯布西耶的拉图雷特修道院(1960)的影响。住宅的焦点是中庭游泳池里的喷水池,周围环绕着的公共区域随着景致和空间向外延伸。在上层"L"形的卧室内,可以独自享受远处的热带风情。

在位于科特的国家议会大厦(National Parliament,1979—1982)的建设中,巴瓦将传统与现代的风格以清晰的图形表现出来:屋顶是一个巨大的传统镀铜斜屋顶,而屋檐下的室内结构和空间布局尽显现代化的优雅端庄;穿过漫长的走廊,中央馆内还设有辩论厅,这种恢宏的设计是大型中式寺庙惯用的风格,而此处的布局却没那么严格,五间卫星馆随意安排在四周。

巴瓦能在传统与现代的设计之间游刃有余,着实令人羡慕,并且这种风格一直保持到他职业生涯结束。在他设计的房屋中,最优雅现代的是为普拉迪普·贾亚瓦德纳建造的住宅(Pradeep Jayawardene House,1997—1998)。该住宅位于斯里兰卡南部韦利加马海湾,栖息在红色悬崖之上。住宅的屋顶结构虽然同样宽大,但采用了简约的镀锌板,而主体则是架构在石阶上的开放式庭院。

自1948年开始,巴瓦为自己建造卢努甘卡庄园(Lunuganga)直到去世。这座庄园每处移动或添加的景致都自然和谐地植根于土壤之中,让人难以辨别。对巴瓦来说,这次的挑战是在丛林中雕琢一个花园,构成"景观房间"。无论亲眼所见或通过电视、照片所见,巴瓦的这座庄园无疑是人间天堂。

对页: 杰弗里·巴瓦。

下图: 巴瓦为德·席尔瓦设计的位于科伦坡的住宅(1960—1962),结合了当地的建筑样式和现代主义流动性的空间布局。

杰弗里·巴瓦

- 1919 出生于斯里兰卡
- 1944 在伦敦做诉讼律师
- 1951 在科伦坡师从 H.H.里德（H.H.Reid）、里德、贝格（Begg），成为爱德华（Edward）唯一留用的合作伙伴
- 1953 被伦敦建筑学会学院录取
- 1957 返回斯里兰卡接管里德的建筑师事务所
- 1986 在麻省理工学院教授建筑学阿迦汗项目课程
- 2003 于斯里兰卡去世

上图和右图： 深受勒·柯布西耶拉图雷特修道院的影响，本托塔海滩酒店（1967—1969）结合了传统形式，有着波浪形的砖瓦屋顶和宽敞的布局。

下图： 普拉迪普·贾亚瓦德纳住宅（1997—1998）位于斯里兰卡南部韦利加马海湾。屋顶结构宽大，采用了简约的镀锌板，而主体则是架构在石阶上的开放式庭院。

下图：本托塔海滩酒店围绕着抬升的水池而建。

班尼奇建造的慕尼黑奥林匹克公园(Munich Olympic Park, 1972)有着山丘、流水和"网状屋顶",创造出一种具有流动性的人造景观。

"我们总是凭直觉对建筑进行处理。"

甘特·班尼奇

1922—2010

德 国

甘特·班尼奇（Günter Behnisch）是雨果·哈林和汉斯·夏隆领导下20世纪20年代德国有机现代主义先驱者中最成功的典范。虽然他的成熟作品很大程度上不受规范的约束，但他的设计却是千变万化的。和勒·柯布西耶一样，他不断发展的作品风格印证了评论家约翰·伯杰（John Berger）对风格的定义，即为"一种建造方式"，而不是独特的"造型"。

在1972年慕尼黑奥林匹克运动会期间，班尼奇取得了国际性突破。此时他接受的任务为他创造了难得的机会。当时德国"经济奇迹"达到了最高点，1968年乐观主义的精神在空气中弥漫；德意志联邦共和国总理维利·勃兰特（Willy Brandt）希望建设一座奥林匹克公园，与1936年纳粹时期臭名昭著的奥运会形成对立面。建设地点堆积着大量战争时期留下的废品，而班尼奇却对这项计划热情高涨。他设计了一处新的景观湖，并且按照希腊剧场的形式为这个新设的场地设置座位。在工程师弗雷·奥托（Frei Otto）的帮助下，全世界最大的网状屋顶便漂浮在这些景观之上。这里没有常规建筑，并且几乎没有传统风格，尽管如此，整个景观布置借鉴了布鲁诺·陶特《阿尔卑斯山建筑》里关于玻璃结构的设想。这一次他大获成功，或许这是有史以来最伟大的体育中心。

后来他接到了一系列小体育场的项目，其中有些是为学校建设的，这也成为班尼奇事务所的一项特色业务。不间断的风格变化最为直观地体现在洛尔希的三所比邻的学校建筑中，它们分别呈多边形、三角形和圆形，其中最成功的是完成于1992年的一所高中。这些建筑有着共同的建筑手法——采用轻质的汞合金结构、釉面材料、大型可伸缩百叶窗、光鲜的色调、大片的玻璃和复杂的流动空间。

虽然班尼奇擅长各种社会项目，但他依旧设计了许多公共建筑，其中包括法兰克福的德国邮政博物馆（German Postal Museum，1990）、慕尼黑的巴伐利亚中央银行（Central Bank of Bavaria，1992）、波恩的德国国会大厦（Chamber for the German Parliament，1992）。在这些建筑中，玻璃作为开明政府的象征得到了广泛应用。

被班尼奇称为"故意的混乱、即兴、反正交的排列"的斯图加特科技大学Hysolar研究所（Hysolar Institute，1987），在很多人看来是解构主义的一个案例。但其与所创造的风格几乎没有共同特点，并且班尼奇倾向于将他自己的作品作为对选址和具体条件的回应。他不相信理论，他总是十分关注具体问题。他不仅关心整体状况，更是对其中的差异与特殊之处加倍推崇。正因如此，他的作品虽然内涵丰富，却并非表现主义建筑；虽然设计实用，却很难分门别类。

上图： 甘特·班尼奇，2000年。

左图： 尽管斯图加特 Hysolar 研究所（1987）被广泛称赞为时尚的"解构"作品，但它却是兼顾实用和选址的。

下图： 洛尔希的三所学校中的高中（1992），展现了班尼奇对流动空间、轻量结构和细节的热爱。

上图： 位于法兰克福的又一栋崭新的博物馆——德国邮政博物馆（1990），这是班尼奇设计的首个公共建筑。

下图： 虽然位于波恩的德国国会大厦（1992）在德国统一后注定会被柏林的德国国会大厦取代，但是依旧以令人惊艳的方式展现了"开放式"的民主。

甘特·班尼奇

- **1922** 出生于洛克维茨
- **1944** 成为德国最年轻的潜艇指挥官
- **1947** 进入斯图加特科技大学学习建筑之前，曾受过砖瓦工培训
- **1952** 在斯图加特成立个人事务所
- **1972** 为慕尼黑奥林匹克运动会设计场馆
- **1973** 波恩的德国国会大厦获设计大奖（最终于1992年开放）
- **2010** 于斯图加特去世

上图： 1956 年，在伦敦《每日邮报》（*Daily Mail*）举办的"理想家园"（Ideal Home）展览中，对未来住宅的设想体现在大规模使用塑料材料上。

对页： 艾莉森（Alison）和彼得·史密森（Peter Smithson），1954 年。

> "建筑并非是在选址上构建一栋房屋，而是用房屋构建出一片空间。"

艾莉森和彼得·史密森

1928—1993 1923—2003

英 国

艾莉森和彼得·史密森因设计位于诺福克的亨斯坦顿学校（Hunstanton School，1954）而崭露头角，这项设计既有影响力又有争议。他们决心打造一种全新的架构模式，如国际风格一般，利用大规模生产材料和预制组件，于是他们从路德维希·密斯·凡·德·罗在伊利诺伊州理工学院的作品中寻找灵感。而内部袒露钢管和水管传达了一种坚硬感，历史学家雷纳·班哈姆（Reyner Banham）迅速将其定义为"新野兽派"。

1953年，史密森成为十次小组（Team 10）成员之一，他们反对老一辈建筑师将城市进行功能划分的观点，而是提倡将人们安置在宽敞的高楼里。史密森提倡中等层高的建筑营造出的"空中街道"的视觉效果，认为可以提升亲切感。

史密森在交叉学科的独立团队中也十分活跃，并且举办了两个展览——"艺术和生活的平行"（Parallel of Art and Life）和"这就是明天"（This Is Tomorrow），对美国波普艺术运动（British Pop Art movement）具有深远的影响。波普设计理念对于扩展性的观点表现在他们于1956年为"理想家园"展览设计的塑料结构房屋中，这体现了"未来住宅"可以被大规模生产的魅力。巴克敏斯特·福乐的节能卫浴（Dymaxion Bathroom，1938—1940）完全是可以批量生产的，其中还包括自动清洗设备、远程电视和照明设备。

1959年，史密森收到《经济学人》（Economist）杂志的委托，设计位于伦敦的新总部大楼。为了适应城市的纹理，他们将总部大楼设计成拥有两层地下室和上升式广场的三座连体式建筑。这栋建筑映衬出周围建筑物的规模和比例，并且用波特兰石作为岩石基层——这是伦敦主要建筑的传统——小的塔楼建筑包括巧妙的排水系统的水平基石和垂直引导雨水进入广场的渠道。尽管视觉上不引人注目，但通过细化次要元素对天气进行"记录"成为史密森后期作品的一个重要方面。

现代建筑巧妙地结合成一座城市的历史性文脉。经济学人杂志社总部大楼的落成，成功地使史密森获得了位于巴西利亚的英国大使馆的设计项目。不幸的是，为了削减开支，这个项目最终被取消。1972年，他们完成了一个位于伦敦东部的"街头天空"住房计划——罗宾汉花园（Robin Hood Gardens），但那时人们对这种综合建筑已经逐渐失去了兴趣。因而，由此产生的争议严重损坏了他们的声誉。之后他们仅仅获得一个公共项目，为艺术仓库（Arts Barn）和彼得·史密森任教的巴斯大学建筑学院（School of Architecture at Bath University，1988）做设计。然而，通过教学、著书和少量的私人项目，他们依旧在学生和年轻一代的设计师当中保持着极高的影响力。

左图： 伦敦经济学人杂志社总部大楼（1965）独占了圣詹姆斯街的一角，是一座罕见的将现代元素融入历史建筑的案例。

对页： 混凝土结构的巴斯大学建筑学院（1988）反映出彼得·史密森对 15 世纪佛朗契斯科·迪·乔吉奥（Francesco di Giorgio）的城堡的迷恋。

下图： 位于诺福克的亨斯坦顿学校（1954），将密斯式风格的钢筋、砖块与玻璃的结合转化成"新野兽派"风格。

艾莉森和彼得·史密森

- 1923 彼得·史密森生于蒂斯河畔斯托克顿
- 1928 艾莉森·史密森（原名：艾莉森·吉尔（Alison Gill））生于谢菲尔德
- 1952 在伦敦联合建立独立小组
- 1955 被雷纳·班哈姆誉为"新野兽派"的先驱者
- 1964 受邀设计位于巴西利亚的英国大使馆，但由于政府削减预算，该项目最终未能实施
- 1988 彼得担任巴斯教授时，完成了艺术仓库和巴斯大学建筑学院的设计
- 1993 艾莉森·史密森于伦敦去世
- 2003 彼得·史密森于伦敦去世

在威尼斯双年展(Venice Biennale)上,北欧馆(Pavilion of the Nordic Nations, 1962)中的花园采用了双层混凝土网格设计,在南方营造出北国风情。

"如果建筑完全按照理性思维设计，那么人就变成禽兽了。"

斯维勒·费恩

1924—2009

挪　威

像许多于20世纪50年代进入成熟期的建筑师一样，斯维勒·费恩（Sverre Fehn）的设计汲取了多位重要现代艺术大师的精华，并结合了自身对建筑构造和对文化环境创造性构思根源的探索与发现。与约恩·乌松和阿尔多·范·艾克一样，他也曾去非洲旅行，并花了一年时间研究摩洛哥当地的建筑。他事后回忆，在那里发现了"密斯式风格的墙体和勒·柯布西耶式的地基"。

似乎应该把费恩的突破与1958年布鲁塞尔国际博览会（Brussels World's Fair）上密斯风格的挪威馆（Norwegian Pavilion）联系起来——盘旋的屋顶与墙面将室内与室外相连。完成于1962年的威尼斯双年展的北欧馆花园内，"整个屋顶"是由构造紧密的双层混凝土网格构成。重复的屋顶结构被三棵大树隔断，展现了北欧建筑中与自然互动的基本元素。

位于挪威哈马尔的大主教博物馆（Archbishopric Museum，1967—1979）建立在一处富有考古意义的地址上，这给费恩提供了一个完美的探索历史痕迹的机会。这座博物馆建造在19世纪"U"形牧场建筑的遗址之上。在博物馆建造的同时，挖掘工作仍在继续。由立柱和桁架支撑着的新屋顶附着在老墙之上，新结构的韵律使得整个建筑和谐统一。光线透过大面积的玻璃瓦片，大块的玻璃将房顶和老墙面的缝隙掩盖起来。

入口处的挖掘工作仍在进行，用于特殊展览的方形混凝土"珍宝"静静地摆放在一根圆形立柱之上，混凝土人行道的扶手作为栏杆，使游客可以俯瞰脚下正在被挖掘的地面。这种出土文物的布展很大程度上借鉴了卡洛·斯卡帕的位于维罗纳的卡斯特维奇博物馆（1956—1964）。钢筋的支架为陈列在它们之上的相对平凡的物品增添了些许戏剧性效果。

哈马尔诗意的新旧元素之间的对话，在费恩的许多项目中被改造成建筑——对大自然来说是短暂的事物——与永恒风景之间相互融合与作用的设计。费恩将位于菲耶兰的挪威冰川博物馆（Norwegian Glacier Museum，1991）形容为冰川划过后留下的长长的、矮矮的岩石板。相反，位于"世界尽头"（World's End）的美术馆仿佛岩石层轻巧地插入海滩。圆形花岗岩和斜面、区域之间都经过精心划分。虽然小巧，但它不失为费恩职业生涯中最精美的一件作品。

上图： 斯维勒·费恩，1988年。

左图： 位于挪威哈马尔的大主教博物馆（1967—1979）建在中世纪遗址的地基之上，这种新旧材料的融合令人诚服。

斯维勒·费恩

			1924			1949 1950	1954	
1900	1910	1920		1930	1940			1960

- 出生于挪威康斯贝格
- 毕业于奥斯陆建筑学院
- 挪威国际现代建筑协会的分支PAGON的创始成员
- 在奥斯陆成立个人事务所

左图： 费恩设计的位于菲耶兰的挪威冰川博物馆（1991）仿佛冰川划过后留下的长长的、矮矮的岩石板，成为辽阔风景线上一处独特的景观。

游客在大主教博物馆参观时，在19世纪的城墙内沿着"悬空"的混凝土人行道盘旋而上，旁边是独立的木质结构屋顶。

成为奥斯陆建筑学院建筑学教授 — 1971

获得普利兹克建筑奖 — 1997

于奥斯陆去世 — 2009

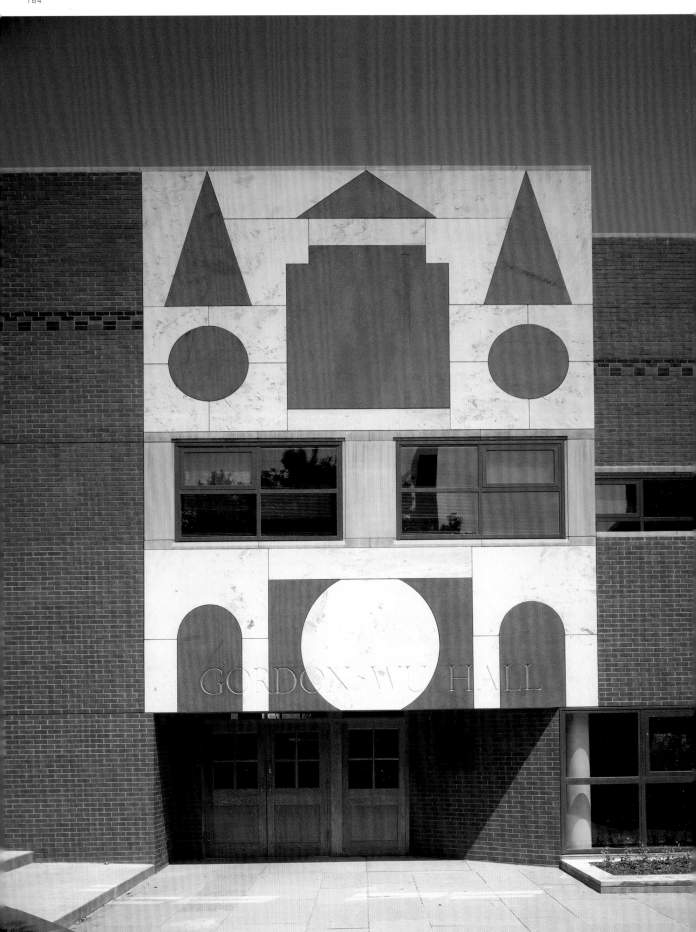

新泽西州普林斯顿大学巴特勒学院胡应湘大楼（Gordon Wu Hall, 1983）的入口处，大胆的灰色大理石和花岗岩墙面十分突出。

"多并非不少。"

罗伯特·文图里
丹尼斯·斯科特·布朗

1925— ，1931—

美国，赞比亚

　　罗伯特·文图里（Robert Venturi）与丹尼斯·斯科特·布朗（Denise Scott Brown）组合（VSBA）位于20世纪下半叶最具影响力的建筑师之列，或许他们撰写的两本著作更为有名。第一本是1966年罗伯特·文图里所写的《建筑的复杂性与矛盾性》（Complexity and Contradiction in Architecture），书中他凭借对建筑的广泛研究，对正统的现代建筑进行了辩证的批判。作为对路德维希·密斯·范·德·罗"少即是多"的回应，文图里表示"少则生厌"。他讨论了案例中的视觉与空间的复杂性和矛盾性，相比纯粹而言，他更倾向于复杂——文艺复兴兴盛时期的风格主义，阿尔瓦·阿尔托比密斯风格更繁复——创造了一种特殊词汇术语，如"both-and"（两个都）和"perceptual ambiguity"（知觉模糊）。

　　复杂性和矛盾性的观念随着文图里项目的结束而淡化，然而这些项目中的细节处理十分耐人寻味。位于费城郊区栗树山的为他母亲建造的房子（1962）是后现代主义早期作品。正面是山形墙，中间有着巨大的烟囱，入口位于中央，窗户分别在两侧，这样的设计好似儿童画里的房子。但正面的山形墙在中间被一分为二，空门的曲线"标志"从中间的缝隙划过，并且两侧的窗户也不相同。

　　这种外观上的复杂性反映出环绕壁炉和楼梯的微妙布局。楼梯上窄下宽，并且被曲折的墙面分成若干部分。玄关的门敞开着，为入口处的双层门腾出空间。文图里布置的"严禁使用的"装饰品极具挑衅意味，而他这一兴趣又得到了他的合作伙伴——妻子丹尼斯·斯科特·布朗的支持，图形的创作成为他们共同工作的一部分。第二本书《拉斯维加斯的启示》（Learning From Las Vegas），是1972年文图里、斯科特·布朗和他们的同事斯蒂文·依泽诺（Steven Izenour）合作完成的。很多人把它看作是在庸俗都市中搭建高山营地的幻想，并且被这些按照功能性划分的"帆布棚"（Ducks）和"装饰屋"所震惊。然而，它在表面之下隐藏着一个关于城市重建的重要信息。语言、图片和创造性分析图纸的结合开拓了一种全新的建筑研究方法。

　　VSBA组合承接了大量的项目，其中包括柏林大学艺术博物馆（1976）的新配楼，它有着棋盘格的外观，预示着20世纪80年代的装饰风格。又如，结合抽象与传统元素的普林斯顿大学胡应湘大楼（1983），并非同楠塔基特岛上的楚贝克和维斯洛茨基住宅（Trubek and Wislocki Houses，1972）一样打动人心。此外，他们也有多处新颖出众的建筑，比如位于宾夕法尼亚州纽镇的圣公会学院（Episcopal Academy，2008），其中富有层次感的布局和分区，令人回想起他们早期热衷的阿尔托与巴洛克（Baroque）的建筑风格。

上图： 罗伯特·文图里和丹尼斯·斯科特·布朗，1968年于拉斯维加斯。

罗伯特·文图里和丹尼斯·斯科特·布朗

- **1925** 罗伯特·文图里出生于费城
- **1931** 丹尼斯·斯科特·布朗出生于北罗得西亚(赞比亚的旧称)恩卡纳
- **1954** 文图里成为路易斯·康的助理,开始在宾夕法尼亚大学任教(直到1965年)
- **1966** 文图里的重要作品《建筑的复杂性与矛盾性》出版
- **1967** 文图里与斯科特·布朗结婚
- **1972** 《拉斯维加斯的启示》一书是在1968年耶鲁设计工作室的基础上完成的,并于同年出版
- **1991** 获得普利兹克建筑奖,但富有争议的是只有文图里一人被提名

对页上图： 位于法国图卢兹的省级国会大厦（Provincial Capitol Building, 1999）的外墙砖，与法国砌砖的小镇一样，笼罩着"玫瑰色光环"。

左图： 位于宾夕法尼亚州纽镇的圣公会学院（2008）内，富有层次的礼拜堂反映出文图里早期对阿尔瓦·阿尔托作品的迷恋。

顶图： 位于马萨诸塞州楠塔基特岛上的楚贝克和维斯洛茨基住宅（1972）完全是现代风格的建筑，却又包含了当地的传统元素。

上图： 位于费城的瓦娜·文图里住宅[Vanna Venturi House，又称"母亲住宅"（Mother's House）]完成于1962年后来成为后现代主义的象征。

从外观上看,斯图加特州立绘画馆(1983)呈现为一个离散集合卷,辅以鲜亮的彩色元素,如顶棚和扶手等。

"建筑不应当脱离传统的文化。"

詹姆斯·斯特林

1926—1992

英 国

詹姆斯·斯特林（James Stirling）凭借与詹姆斯·高恩（James Gowan，1923—）共同设计的莱斯特大学工程大楼（Leicester University Engineering Building，1963）登上国际舞台。整个设计要求简洁宽敞，朝北的工作室需要照明设备和一处30米（100英尺）高的水液压装置。这些要求加上本身狭窄的选址，使大楼必须采用独特的几何屋顶照明系统、纤细的外观和楼顶的集水槽装置。每处元素都有各自的形态，清晰地呈现在红色建筑砖块和铝制专利玻璃配件上，并且铝制玻璃还被夸张地用于连接两座塔楼。

该项目轴测图上展现了独特的构造，然而这个设计实际上广泛借鉴了前人的作品：大型阶梯教室有着康斯坦丁·梅尔尼科夫的卢萨科夫俱乐部（1927）的痕迹；室外的柯布西耶式坡道开始于"战舰"式的烟道；此外，设计中还留下了汉斯·迈耶（Hannes Meyer）的国家联盟总部（the League of Nations headquarters，1926）和弗兰克·劳埃德·赖特的约翰逊制蜡公司大楼（Johnson Wax Administration Building，1936—1939）的痕迹。

斯特林使用同样的建筑语言完成了另外两项设计——剑桥大学历史学院图书馆（History Faculty Library，1967）和牛津大学弗洛里学生宿舍（Florey Building，1969），通过未建造的竞赛项目德比市政中心（Derby Civic Centre，1970），使他越来越忧心于城市的毁灭。斯特林认为，城市的全面再造需要使用多种合成的材料，在参加科隆、杜塞尔多夫和斯图加特的美术馆设计竞赛时，他对这一想法进行了深入的研究。1983年建成的新斯图加特州美术馆（New Art Gallery）便是这一想法的成果。

这个项目需要有一条人行通道，这成了斯特林设计的催化剂，由此产生了一条将各部分元素贯穿在一起的建筑纽带。美术馆的中心是一处宽敞的圆形大厅，四周被攀岩植物"吞没"。这与勒·柯布西耶的两处白院聚落（Weissenhof estate）有着相似之处；小型音乐学校有着钢琴立柱式的架构；受到纳粹主义的强烈感染，对称的剧院有着德国古典主义风格的痕迹。

美术馆的空间布局是艺术大师斯特林在复杂选址上的天赋展示。随后的后现代建筑便没么出众，例如柏林的科学中心（Science Centre in Berlin，1980—1988）和伦敦的Poultry路1号（One Poultry，1988—1997）。在他生命的最后时光里，他在布来恩（Braun）位于梅尔松根的45公顷（111英亩）土地设计中，重新回归到制造令人眼花缭乱的形式。在对高架、桥梁、运河和堤坝等现有基础设施的设计上，他借鉴了英国传统的园林设计，创造了20世纪最秀美的景观。

上图： 詹姆斯·斯特林，1985年。

上图： 莱斯特大学工程大楼（1963）是功能性表达的集成，清晰地呈现在红色建筑砖块和铝制专利玻璃配件上。

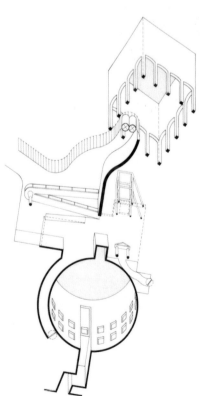

左图： 杜塞尔多夫北莱茵-威斯特法伦州美术馆（Düsseldorf Nordrhein-Westfalen Museum, 竞赛, 1975）的通道，用斯特林的话来说就是拼接组合"一组考古碎片"。

詹姆斯·斯特林

- 1926 出生于格拉斯哥
- 1950 毕业于利物浦大学建筑学院
- 1956 与詹姆斯·高恩开创建筑事务所
- 1967 被耶鲁大学聘为查尔斯·达文波特教授
- 1971 与迈克尔·威尔福德（Michael Wilford）建立合作伙伴关系
- 1981 获得普利兹克建筑奖
- 1992 于伦敦去世

右图： 剑桥大学历史学院图书馆（1967）的阅览室依偎在一连串采光玻璃之下，为英国最杰出的现代空间布局。

下图： 为布来恩设计与建造的位于梅尔松根的综合建筑群（1992—1999），于斯特林去世后才最终建成，是一件建筑与景观完美融合的代表作品。

"组织形式……是从空间内的系统的生产元素发展而来的。"

槙文彦

1928—

日本

槙文彦（Fumihiko Maki）曾在美国接受教育，并在美国Skidmore, Owings & Merrill 公司工作过，深受西班牙建筑师何塞普·路易·塞特（Josep Lluis Sert）的影响，沉溺于西方现代主义。回到日本之后，他与菊竹清训（Kiyonori Kikutake）和黑川纪章（Kisho Kurokawa）一起组建了"新陈代谢派"。他们的理念与项目，是对日本迅速发展的回应，并且使用仿生学设计彰显了作为成长有机体的现代城市的动感。槙文彦的反古典组织形式——不以传统等级为依据，自由安排各个组件——受到广泛探讨，并且日后对他的作品有所影响。他的许多项目都涉及空间之间的连环作用，但没有一处比位于东京的代官山（Hillside Terrace）更出众。这栋现代风格的建筑始建于 1969 年，耗时 23 年完工，鲜活地记录了槙文彦理念的演化。

槙文彦的建筑理念发展的关键是需要融合东京建筑和生活中的动态与静态元素。在螺旋大厦（Spiral Building,1985）的设计中，槙文彦终于能够运用他的建筑理念。这是他受邀为内衣生产商华哥尔（Wacoal）设计的位于东京的媒体艺术中心。该设计旨在展现"艺术与设计的融合"，并且他创建了一条连接各个楼层的错综复杂的长廊。正如他所说："建筑需要的是不同空间之间的碰撞，而不仅是……一处高点。"混合了现代主义的拼接手法与日本茶室的艺术风格，该建筑的临街面仿佛吸收了青山大道（Aoyama Boulevard）建筑的精华。从远处看，它似乎是一致的白色，但近距离细看时，便会惊讶于其材料的多样性——铝和钢铁、光滑和粗糙的大理石、玻璃纤维毫不掩饰地裸露在外。

临近的 Tepia 科学中心（Tepia Science Centre, 1989），直接的表达方式被纯粹的抽象代替，高品质的细节设计和分层式的立面为整个项目增光添彩——这与 20 年后交付的 MIT 媒体实验大厦（MIT Media Lab, 2009）的特征如出一辙。虽然特征一致，但表现手法不尽相同。早期的东京体育馆（Tokyo Metropolitan Gymnasium, 1991）与丹下健三的奥运场馆（Olympic Stadia, 1960）功能相同，但不同的是前者以轻薄、金属盔甲式的外壳设计重新呈现在世人面前。

通过拉伸建筑表面或者非线性结构的立面来增加采光，已成为槙文彦后期作品的主要特色，而这些作品大多建造于美国。世贸中心（World Trade Center, 2013）第四栋塔楼的设计将这种风格的魅力发挥到极致。这栋大楼设计简约且直面"9·11"纪念碑，它的落成立刻使整座城市备受鼓舞。这栋塔楼的表面是由大面积的结构化玻璃制成，可以清晰地看到内部的地板及天花板。这是对自然光线变化的最佳响应，也可以说是最为缥缈的摩天大楼。

对页： 纽约世贸中心（2013）第四栋塔楼或许是至今建造的最为抽象、最为缥缈的摩天大楼。

上图： 槙文彦，2007 年。

槇文彦

- 1928 出生于日本东京
- 1956 担任圣路易斯华盛顿大学建筑学助理教授
- 1960 发表《"集体形式"的调研》(Investigations in Collective Form)
- 1964 于东京创立槇文彦设计公司
- 1965 开始发展东京代官山集合住宅
- 1969
- 1993 获得普利兹克建筑奖
- 2008 发表《城市梦想文集》(Collected writings, Nurturing Dreams)
- 2010
- 2012 受邀设计阿迦汗大学的国王十字校区

对页上图： 为内衣生产商华哥尔设计的位于东京的媒体艺术中心，以螺旋大厦（1985）的方式捕捉了城市的动态。

对页下图： 东京代官山集合住宅始建于 1969 年，完成于 1992 年，体现了槇文彦"集体形式"的理念。

右上图： 位于坎布里奇的麻省理工学院内精致的媒体实验大厦（2009），体现了典型的槇文彦成熟时期的建筑风格。

右下图： 东京体育馆（1991）的轻质材料令人想起日本传统武士的盔甲。

"流动的建筑,像爵士舞般——你即兴发挥也好,一起工作也好,你做什么,他们便做什么,如此相得益彰。"

弗兰克·盖里

1929–

加拿大

弗兰克·盖里(Frank Gehry)在被称为当时最具创意及最有挑战力的建筑师之前,就已在建筑业默默耕耘了20年之久。1978年,他的突破性项目也是再低调不过了——仅仅是将自己位于洛杉矶圣莫尼卡大道上的普通郊区住宅进行扩建和改造。

面对城市的碎片,盖里将这个设计设想为一系列大盒子落在了房屋上,摇摇欲坠。这种描述似乎十分恰当,但它背后蕴含的想法却深深扎根于当代艺术。盖里的兴趣在于"日常"材料,比如波纹金属、胶合板、铁丝网和沥青,这些都是意大利艺术运动时期的"贫穷艺术"的表现。更重要的是,用扭曲和矛盾的画笔表现观点的画家正是受到他洛杉矶建筑影响的那一群人。盖里新厨房上的玻璃"盒"正面并非正方形,而是长方形,且后面倾斜朝上。因此,除了那些长方形面的盒子,其他结构没有呈现为直角。盖里邀请观众参观,并且否认以正交规范和透视视觉作为参考点。他强调设计元素应当是摆脱惯性思维的纯粹的感知现象。

利用新的CAD(计算机辅助设计)技术,盖里尝试了越来越扭曲的形式,创造出其他建筑手段无法实现的作品,如位于维也纳的跳舞的房子(Dancing House,1996),以及他的艺术风格的结晶——位于毕尔巴鄂的古根海姆博物馆(1997)。博物馆占据了关键位置,毗邻横跨纳文河的萨尔维桥,把市中心和郊区连接起来,使得博物馆成为通向市区的城门。盖里通过给新广场周围的公共设施分门别类,引导往返于古根海姆博物馆和波士顿美术馆(Museum of Fine Arts)的游客。

和悉尼歌剧院的设计一样,公共区域被设计在石制的上升广场中,并且包裹着轻薄且反光的钛合金材料。然而,悉尼歌剧院的设计师约恩·乌松寻求建筑形式的地基,而盖里却更像一名雕塑家。他提炼了物理模型,并用激光扫描仪将最终的设计数字化供航空工业使用。由许多小钢格组成的扭曲的网格结构,在盖里的设计中呈现出石破天惊的效果。

毕尔巴鄂的项目让盖里跻身于世界建筑大师之列。之后无论在哪里,他所承接的项目的主要标准是,要么有着"标志性"的地位,要么有着"及时性"的品牌效应。他的成果形式多样,从西雅图的摇滚博物馆(Experience Music Project,1999)到洛杉矶的迪士尼音乐厅(Walt Disney Concert Hall,2003),都有着惊艳的外观,都是世界上杰出的空间设计作品。

对页: 位于毕尔巴鄂的古根海姆博物馆(Guggenheim Museum,1997)被普遍认为是最成功的"城市标志",极具盖里的建筑风格。

上图: 弗兰克·盖里,2011年。

上图： 1978年，弗兰克·盖里为位于洛杉矶的私人住宅进行修缮与扩建，他采用常规而便宜的材料，引起了国际的广泛关注。

下图： 洛杉矶迪士尼音乐厅（2003）采用大胆而夸张的表现手法，是盖里镀钨雕塑建筑系列的巅峰之作。

位于维也纳的"跳舞的房子"(1996)采用了CAD(计算机辅助设计)技术,创造永不重复的元素。

弗兰克·盖里

- **1929** 生于多伦多
- **1949** 迁居洛杉矶并进入南加州大学建筑学院学习
- **1956** 迁居马萨诸塞州,于哈佛大学学习城市规划
- **1961** 于巴黎限随安德烈·勒蒙代(André Remondet)工作
- **1962** 于洛杉矶成立盖里事务所
- **1969** 创立简易边缘(Easy Edges)纸板家具品牌
- **1989** 获得普利兹克建筑奖

斋浦尔 Jawaha Kala Kendra 艺术中心（1991）中间区域的设计效仿了印度传统建筑中的阶梯水井。

"在每个社会中，建筑都已超越其功能而被看作宇宙的图表。"

查尔斯·柯里亚

1930—

印 度

第二次世界大战后，印度的建筑不拘泥于英国的教条风格和印度的传统风格，而是结合现代主义的创新和国家的传统，采用与文化、气候相适应的多样性的设计。这对建筑师来说是一次独特的挑战，而查尔斯·柯里亚（Charles Correa）便是第一个应对挑战的人。

柯里亚于20世纪50年代在美国接受教育，那时路德维希·密斯·范·德·罗的成熟现代主义风格正取代古典艺术风格，成为课堂传授的主流形式，这也明确了他的兴趣所在——一种脱离当地传统、依赖于高昂维修费用的全新风格。回到印度后，他研究区域性建筑传统，成为设计被动式节能建筑的先驱者。

他将学习到的经验应用于印度的项目，例如管式住宅（Tube Housing，1961—1962）和Ramkrishna住宅（1962—1964），都相对简单直接。位于孟买的25层的干城章嘉公寓（Kanchanjunga Apartments，1970—1983）则极具挑战性。该建筑根据地方气候而建，为东西朝向，既能使人轻易感受窗外的徐徐清风，又能遮蔽午后的骄阳和季风带来的雨水。受到旧式平房环绕式阳台的启发，柯里亚创造了一种巧妙的连锁式格局，再现了勒·柯布西耶马赛公寓（1952）般的集体式住房，但有着比其宽敞得多的双层阳台。

在这栋奢华的大楼一旁，是柯里亚辛勤耕耘了多年的抽象派代表作——孟买贝拉普住宅区项目（Belapur Incremental Housing project）。该项目针对低收入群体，展现了高密度的庭院建筑群。该建筑基于公共院落建设，四周没有墙体，允许家庭自行扩展。

随着孟买的经济改革，柯里亚低调的建筑设计几乎失去了生存空间，唯独庭院建筑群和空间的层次得以留存。

柯里亚"向天空开放"的理念贯穿了他所有建筑作品。位于艾哈迈达巴德的圣雄甘地纪念馆（Gandhi Ashram Memorial Museum，1958—1963）是他早期最为重要的建筑。纪念馆有着曲折的平面设计结构，金字塔形屋顶靠立柱支撑。位于新德里的国家工艺品博物馆（National Crafts Museum，1975—1990）内，柯里亚设计了垫子式的平面，游客可以自由漫步其中，探索"街道"和"广场"及工艺展品，就像在村庄漫步一般。

自20世纪80年代以来，柯里亚在设计中频繁地借鉴印度文化中的元素。例如博帕尔省的维德汉·巴瓦尼州议会大厦（Madhya Pradesh State Assembly，1981—1987）和斋浦尔的Jawaha Kala Kendra艺术中心（1991），便是基于印度九大行星的占星术设计的。前者的庭院为循环式布局，中间是一处"十"字形下沉式设计。而有着佛塔式屋顶的下议院则摆放在拐角处，后者的中心区域设计效仿了印度传统建筑中的阶梯式水井。即使这两处建筑都没能实现柯里亚渴望的"深层次文化结构的变革"，但也不失为优秀的作品。

上图：查尔斯·柯里亚。

本页： 博帕尔省的维德汉·巴瓦尼州议会大厦（1981—1987）是基于印度九大行星的占星术而设计的。此外，下议院的屋顶让人想起佛塔的圆顶。

对页： 位于孟买的 25 层的干城章嘉公寓（1970—1983）为阶梯式断面结构。这种设计既可以使人轻易感受到徐徐清风，也可以遮蔽炎炎烈日。

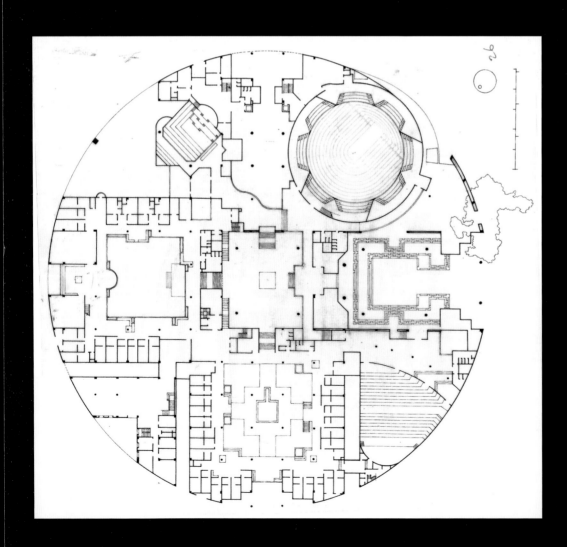

查尔斯·柯里亚

- 1920
- 1930 出生于印度的塞康德拉巴德
- 1940
- 1950
- 1958 于印度和美国学成归来后，在孟买开创自己的事务所
- 1960
- 1970
- 1980 获得英国皇家建筑师协会颁发的金质奖章；于孟买创立城市设计研究所，致力于城市保护建设
- 1984 接受拉吉夫·甘地（Rajiv Gandhi）的任命，成为国家城市化委员会主席
- 1985
- 1990
- 2000 被任命为德里城市艺术委员会主席，耗时三年完成麻省理工学院的麦戈文脑科学研究所（MIT）
- 2005
- 2010

摩德纳公墓（Modena Cemetery）始建于1971年，但直到罗西去世后仍然没能完成。这座立方体的藏骨堂被誉为"逝者之城"。

"脱离城市生活环境不可能设计出好的建筑。"

阿尔多·罗西

1931—1997

意大利

阿尔多·罗西（Aldo Rossi）是被称为坦丹萨学派（Tendenza）的意大利修正主义运动的主要成员。他的建筑作品基于他的《城市建筑》（The Architecture of the City, 1966）一书中的城市理论而建。这本书在 1984 年被翻译成英文出版，并在欧洲大陆产生了广泛的影响力。罗西对工业化和"功能"设计带来的破坏深感绝望，他认为城市是文化记忆的主要载体，而建筑应当回归于传承下来的城市模式和建筑风格。

不同于功能主义者寻求目的和形式之间的紧密对应，罗西提倡以通用形态去适应广泛的需求。例如，在法尼亚奥洛纳的一座学校（1976），体育馆位于宏伟的上升式广场内，为学生提供班级照的取景场地。罗西认为，这种熟悉的宗教仪式可以带来"连续、重复的舒适感"，而建筑则应当为其提供施展的空间。

罗西对经典形式的热爱辅以一种非凡的能力，这使他能发现简单建筑里的诗意。他为 1979 年威尼斯双年展绘制的精美的草图上，梦幻般的海滩小屋、仓库、灯塔和其他传统的建筑结构仿佛漂浮在世界剧场（Teatro del Mondo）之上。

罗西在加拉拉特西公寓（Gallaratese housing, 1969—1976）设计方案中，力图寻求单纯的视觉力量。这座建筑选在米兰郊外，由两个街区组成，中间隔着一条狭长的走道，形成一片新的住宅区。一楼是开放式的长廊，住房则沿着上层的外围走道依次排开。这种样式的设计与柯布西耶的架空理念和伦巴第（Lombardy）一贯的房屋设计风格相吻合。罗西认为，设计的重复性给生活建筑提供了一个普遍适用的范例。例如，敞开的窗户可以让衣服在室外晒干。在柏林街道区（Quartier Schützenstrasse, 1994—1998），他以同样鲜明的方式经典地描绘出城市的历史。

1971 年，罗西遭遇了严重的车祸，在住院治疗期间，他把自己的身体设想成遭受一系列骨折，需要重建。将此想法延伸到建筑设计中，他想到："只有毁灭才能传达完全的真相……我想到了仅仅由重组的碎片构成的统一体或是系统。"这种观念明显地表现在他后期的部分作品中，让人时常想起超现实主义绘画中乔治·德·基里科（Giorgio de Chirico）虚构的场景。最终，这些理念汇聚在了他毕生最重要的作品（未完成）摩德纳公墓中。凭借自己"绝对的"形式，结合早期在选址上的一些发现，特别是令人恐惧的窗口和立方体的藏骨堂，罗西把这件作品称为"逝者之城"。

上图： 阿尔多·罗西，1960 年。

对页： 柏林街道区（1994—1998）结合了商业与住宅用途，罗西采用传统的建筑构造将建筑分区，并以此作为新城市规划的基础。

左上图： 为1979年威尼斯双年展设计的世界剧场，试图在简洁的外观中提炼城市的精华。

右上图： 这幅题为"几何的夏天"（The geometry of summer）、完成于1983年的海滩小屋绘画作品，展现了罗西将当地特色与经典形式相结合的非凡才能。

左图： 罗西在米兰的加拉特西公寓（1969—1976）的设计方案与柯布西耶的架空理念和伦巴第一贯的房屋设计风格相吻合。

阿尔多·罗西

| 1910 | 1920 | 1930 **1931** 出生于米兰 | 1940 | 1950 | **1955** 担任《卡萨贝拉》（Casabella）建筑杂志主编 **1959** 毕业于米兰科技大学 1960 | **1966** 出版《城市建筑》 1970 |

出版《城市建筑》英文版　　获得普利兹克建筑奖　　于米兰去世

1980　1981　　　　1990　　　　1997　2000　　　　2010

"我们记住的，往往是无法慰藉我们的建筑。"

彼得·艾森曼

1932—

美　国

20世纪70年代，彼得·艾森曼（Peter Eisenman）作为"纽约五人组"（New York Five）的成员而引起人们的关注。他们试图唤醒人们对早期"英雄时代"现代建筑的热爱。区别于后现代风格中的象征主义，他们关注抽象、正式的体系。

艾森曼痴迷于意大利理性主义建筑师朱赛普·特拉尼（Giuseppe Terragni，1904—1943）的作品。在分析他作品的设计手法后，他开始发明自己的"图解转换"模式，这种想法受到诺姆·乔姆斯基（Noam Chomsky）语言学理论的启发，以此生成一系列的房屋。他把他的作品称为"纸板建筑"，表明他对建筑材料的品质丝毫没有兴趣。当他开始建造位于美国康涅狄格州康沃尔郡的第六住宅（House VI，1975）时，他认为房屋并不是形式化过程的产物，而是这一过程的记录。"真正的"房屋遍布垂直和水平的狭槽——有些是光亮的，有些是开放的——暗示存在第二间"虚拟"的房屋。每一栋都有楼梯：颜色为标志性的正绿色和正红色。

艾森曼20世纪80年代作品背后的理念，来自哲学家弗里德里希·尼采（Friedrich Nietzsche）和雅克·德里达（Jacques Derrida）的哲学思想。他认同后现代解构主义的文学思想，认为就像"语篇"是从数据"层"或形式语法中摘录的一样，建筑是从选址中提取而出的。俄亥俄州立大学的维克斯纳视觉艺术中心（The Wexner Center for the Arts，1989）的项目设计，为他创造了一个大显身手的机会。杰斐逊电网（The Jefferson Grid，由杰斐逊总统创立，旨在推动西部领土的划分）、城市电网和大学主要开放区域的中轴线提供了基本参照，在远处的飞机跑道、早前的军事营地及更遥远的"源头"上层层叠叠排成直线。艾森曼受到传统"语境"的启发，发明了虚构的"防御工事"。其格局分散、扭曲分裂，而且是由砌砖作为填充物。

不出意料，艾森曼是第一批采用计算机软件进行设计的建筑师。在他未建成的作品——法兰克福生物中心（BioCentrum，1987）的设计过程中，艾森曼运用DNA作为建筑布局的主要构思。同其他许多建筑师一样，艾森曼的理念中都带有当时流行的由哲学家吉尔·德勒兹（Gilles Deleuze）和费利克斯·瓜塔里（Félix Guattari）提出的"褶皱"观点。

艾森曼越来越将自己的作品看作是类似地质过程的产物。他将自己位于加利西亚的主要项目文化之都（City of Culture，1990）看作是"爆发和抬升"的过程，这似乎是木制的结构模型才有的感觉，但在已经完成的建筑群中却很难察觉。这件作品构思于西班牙经济泡沫的鼎盛期，并且一直未完成。也许这个项目是作为经济和建筑过剩时期的标志而被世人所铭记。

上图： 彼得·艾森曼，2007年。

艾森曼将美国康涅狄格州康沃尔郡的第六住宅(1975)视为形式化过程中的"快照",而不是样式化的最终产物。

彼得·艾森曼

- **1932** 出生于新泽西州纽瓦克市
- **1967—1969** 创建建筑城市研究院（AUS），一所国际性的建筑智库（他在此担任院长，直到1982年卸任；因在纽约现代艺术博物馆展览后，加入"纽约五人组"而受到关注
- **1982** 于哈佛大学（直到1985年）担任建筑学罗夸教授
- **2001** 获得库珀—海威特国家设计博物馆（Cooper-Hewitt National Design Museum）颁发的国家建筑设计大奖
- **2004** 发表《写进空虚》（*Written into the Void*，1994—2004）作品选集》（*Selected Writings*, 1990—2004）

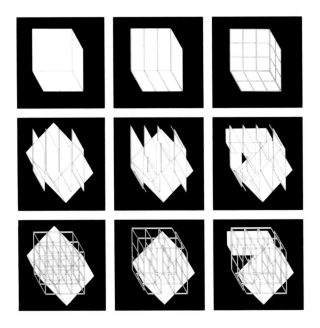

上图： 与解构主义的文学思想相吻合，艾森曼对待俄亥俄州立大学的维克斯纳视觉艺术中心（1989）就像对待分层结构中的"语篇"一般。

左图： 艾森曼的早期建筑项目，例如第三住宅（House III，1969—1971）是由一系列抽象立面和线条组成的各种形状转换而来。

对页上图： 在法兰克福生物中心（1987，未建造）的设计中，艾森曼沿着直线规划，并效仿DNA结构作为建筑布局的主要构思。

对页下图： 始建于1999年，位于加利西亚的主要项目——文化之都，被看作是地质"爆发和抬升"的过程。

不同于常规的商业大楼的设计,阿培尔顿的比希尔中心办公大楼(Central Beheer offices, 1972)为员工提供了极具个性化和亲和力的复杂空间。

"重要的是形式和用户之间的互动……即他们之间是如何相互占有的。"

赫尔曼·赫茨伯格

1932–

荷　兰

赫尔曼·赫茨伯格（Herman Hertzberger）是阿尔多·范·艾克学生中最突出的一位，他发展了一种"多价形式"的理论，强调用户在建造过程中的重要性。他并不是将解决方案或完成的计划提供给确定的项目，而是认为建筑师应该创造一个强大但相对中立的框架，给用户一定的解读空间。早期受到蒙台梭利时期教育的影响，他在设计位于代尔夫特的新蒙台梭利学校（Montessori School，1970）时便开始实施他的想法。

像范·艾克开创性的阿姆斯特丹孤儿院（1960）一样，赫茨伯格设计的学校将不断重复的教室单元围绕建筑内部的"街道"依次排列。赫茨伯格的空间设计可以适应不同的需求，并且大部分供用户互动的区间都布置了"方洞"，里面有木制立方体，可摞起来当凳子使用。在实际使用中，这类木凳非常受欢迎，以至于老师必须要限制其使用。

在阿培尔顿的比希尔中心办公大楼（1972）的设计中，赫茨伯格把他的想法应用到这间有着1000名员工的保险公司总部大楼的建设中。简明而激进的城堡设计样式通过一连串重复的单元空间聚集而成——这是一种被称为结构主义的组织方式。这栋四层高的大楼有着令人困惑的复杂结构。宽敞的公共区域营造出简明而丰富的工作环境，并且整个空间由拱廊式的走道分隔成四个独立单元。工作人员用植物、海报和其他材料个性化地装扮他们的工作区。

比希尔中心是自弗兰克·劳埃德·赖特的拉金大厦（1904—1906）以来对办公楼改造的最大胆的尝试，并且这次尝试从未被效仿过，这点也是在意料之中的。接下来，在为阿姆斯特丹的两所阿波罗学校（Apollolaan School，1983）做设计时，赫茨伯格为附加结构不能满足具体功能需求的情况提供了解决方案。学校的布局就像一座小型城市，错落有致。其设计是在经典的九宫格设计上加以变化，通过扩大教室面积，在角落处设计重叠区域，并且用分隔楼层间的区域作为过渡——部分用作大厅、部分用作工作区、部分用作公共区域来进行改造。很少有学校的空间布局如此复杂而极具魅力。

接着，赫茨伯格继续开发了一项大型项目，他采用典型的荷兰建筑外观风格，以与这个建筑是组装而非"建造"出来的世界相协调。在位于阿姆斯特丹的一所华丽的中学东蒙台梭利学校（Montessori School East，2000）的设计中，赫茨伯格将早期开创性项目中的设计理念大规模地呈现于世人面前，对此他十分欣喜。

上图： 赫尔曼·赫茨伯格，2011年。

右图和下图： 阿姆斯特丹的两所阿波罗学校（1983）的平面布局和分隔设计。建筑巧妙地围绕着上升的中央大厅展开。

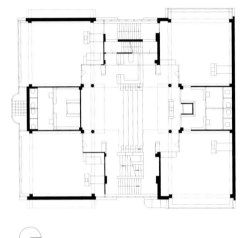

上图： 阿波罗学校的中心大厅与教室的入口及小组讨论区遥相呼应。

上图： 位于阿姆斯特丹的华丽的东蒙台梭利学校（2000）内的过渡区域，大规模实现了赫茨伯格在早期学校建筑中包含的多用途理念。

下图： 代尔夫特的新蒙台梭利学校（1970），赫茨伯格设计的多功能"洞穴"椅具备多种用途。

赫尔曼·赫茨伯格

- 1920
- 1930
- **1932** 出生于柏林
- 1940
- 1950
- **1958** 在阿尔多·范·艾克的指导下顺利毕业于代尔夫特理工大学
- **1959** 担任《论坛》杂志编辑
- 1960
- **1970** 担任代尔夫特理工大学教授
- 1980
- 成立建筑学贝尔拉赫研究生院
- 出版《建筑学教程：设计原理》（Lessons for Students in Architecture）
- **1990**
- **1991**
- 2000
- **2012** 获得英国皇家建筑师协会颁发的金质奖章

位于韦尔斯乔的施耐德住宅（Snider House，1966年）有着抽象的空间和宽敞的窗户。斯诺兹作品的现代性无可厚非，并且他巧妙的布局使其与周围的农业建筑融为一体。

"如果你要盖房子，先想想房屋所在的村庄。"

路易吉·斯诺兹

1932—

瑞 士

提契诺学派（New Ticino Architecture）是瑞士意大利语区的一个建筑学派。20世纪70年代，马里奥·博塔（Mario Botta，1943—）的早期作品很大程度上已将这一学派带入人们的视野。然而，随着博塔的项目越来越大，他的形式化表现手法也更加丰富。显而易见的是，对于景观的处理及面对快速城市化进程带来的威胁，路易吉·斯诺兹（Luigi Snozzi）的应对方式更加成功。

斯诺兹认识到现代主义在城市中的衰败趋势，并且受到意大利建筑师阿尔多·罗西《城市建筑》（1966）的影响。他突破性的作品是位于韦尔斯乔的施耐德住宅（1966年）。期间他意识到建筑可以通过抽象化的方式表现周围的景观，而不是模仿或与环境融合。庭院内的三栋房屋布局紧凑，与周围的建筑和景色衔接有序。

1977年，斯诺兹受邀为蒙特加罗索村庄的另一处发展项目做准备。这个村庄的核心建筑是16世纪的圣奥古斯汀修道院（St Augustine）。为了给学校提供发展空间，修道院的主体部分于1965年被拆除，并且官方的区域规划方案提出将剩余部分也进行拆除。借鉴罗西的观点，斯诺兹提出了将修道院作为大范围城镇改造（催化剂）的方案。

同卡洛·斯卡帕设计的位于维罗纳的卡斯特维奇博物馆一样，斯诺兹清晰地展现了修道院历史发展的不同阶段，并且小心谨慎地引入了新的元素。特别是五间教室沿着墙面设计，并且延伸至院围。地下室的拱门像宽敞的展览空间，院子角落引入了一间咖啡室，使得这间从修道院改造而来的学校能够为更广大的群体服务。

斯诺兹在蒙特加罗索设计的若干新式大楼，都是以实际行动展现了他的设计原则。奥合银行（Raiffaisen Bank，1984）位于修道院的对面，是"广场围墙"的一部分。它的中心区域被粉刷成白色，为这座终将被取代的建筑留作视觉纪念。公共体育馆（同样建于1984年）的主空间局部下沉，同时设计了辅助的空间用来划分上升式小广场的边界，并且与周围空间的高度保持一致。直角玻璃块沿着地脚线环绕四周，室内黑色的顶部和体育场蓝色的地板营造出盆地景观。

斯诺兹建筑发展规划的中心原则是避免随意划分边界，这使得吉多蒂联排别墅（Guidotti double-house，1983—1984）和拉佩住宅（Rapetti House，1988）都只占据了用仓库隔出的一小块区域。斯诺兹对保持农庄建筑的"浪漫"特征毫无兴趣，他认为真正重要的是尊重由城市规划而产生的空间结构。

上图： 路易吉·斯诺兹，2010年。

路易吉·斯诺兹

1920

1930

1932 出生于瑞士的门德里西奥

1940

1950

1960

1962 与利维奥·瓦契尼（Livio Vachhini）合作（1971年分开）

1970

1980

1985 担任洛桑联邦理工学院建筑学教授

1990

1993 蒙特加罗索的城市规划工作为他赢得了哈佛大学查尔斯王子奖，并且他开始指导在哈佛举办的国际城市设计研讨会

2000

2010

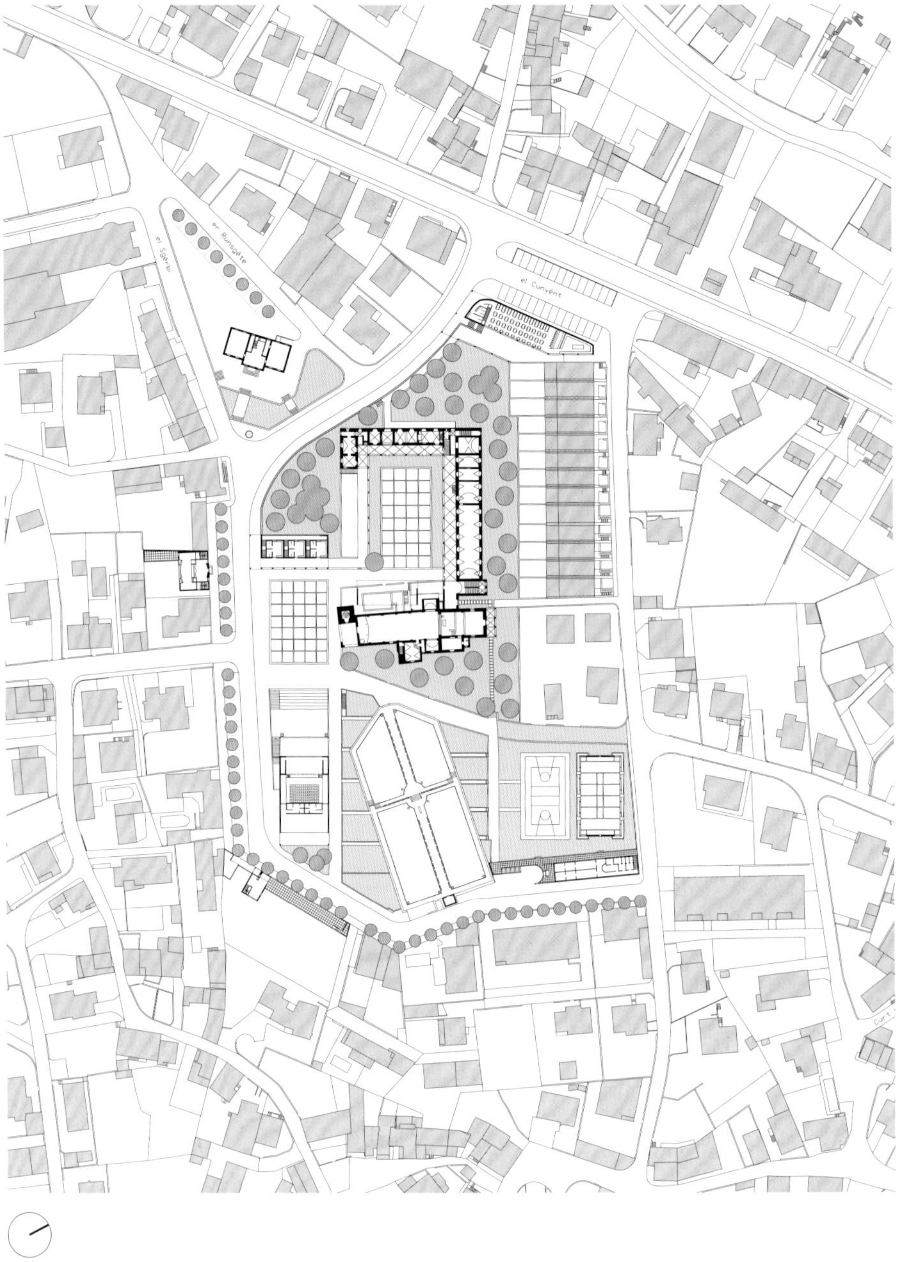

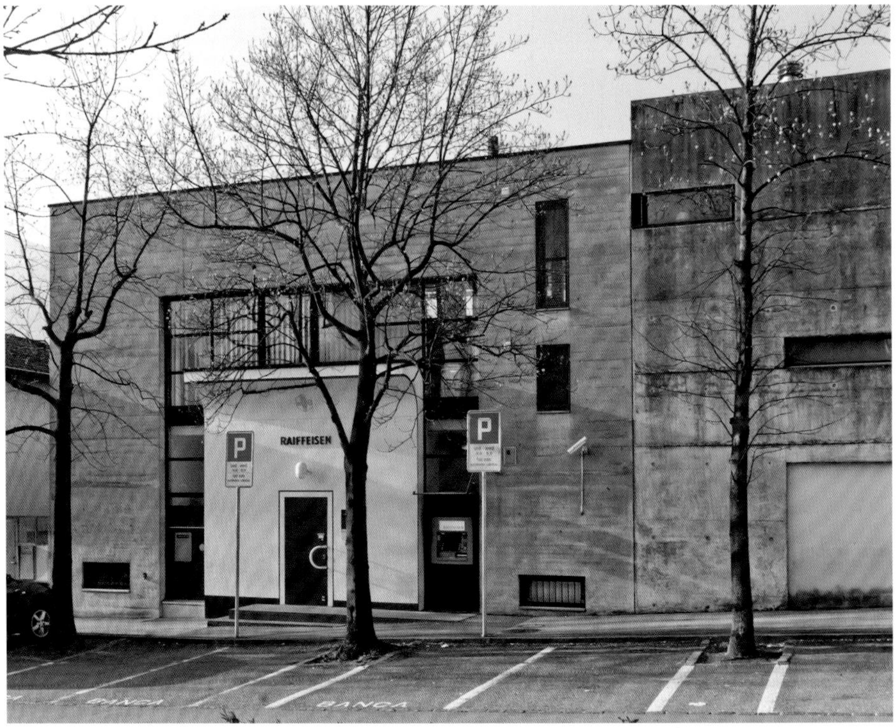

上图： 蒙特加罗索修道院（Convent of Monte Carasso，于1993年翻新）的改建计划是斯诺兹进行大范围城镇改造的催化剂。

右图： 进入蒙特加罗索体育馆（1984），由于玻璃天窗和极具反差的色调，使人感觉仿佛进入了盆地。

对页上图： 斯诺兹后期改造的16世纪圣奥古斯汀修道院位于蒙特加罗索村庄规划布局的中心地带。

对页下图： 位于蒙特加罗索的奥合银行（1984）中心的白色区域，为这座终将被取代的建筑留作视觉纪念。

"建筑所关涉的是大楼构筑的公共区域。"

理查德·罗杰斯

1933—

意大利

理查德·罗杰斯（Richard Rogers）与诺曼·福斯特（Norman Foster）、温迪·奇斯曼（Wendy Cheesman），以及他的第一任夫人苏·布拉姆韦尔（Su Brumwell）组成"四人小组"（Team 4）的四年后，理查德·罗杰斯开始从事小规模的项目。直到1971年，他与伦佐·皮亚诺（Renzo Piano）合作，在国际竞赛中获得胜利，共同设计巴黎蓬皮杜艺术和文化中心（Centre Pompidou，1977）。秉着简洁开放的精神，他们提出了一个灵活的服务型的设计方案，并且只占据了选址的一半区域，而其余的部分则是新城市空间的主体部分。这种设计风格大量借鉴了英国阿基格拉姆集团（British Archigram）和塞德里克·普赖斯（Cedric Price，1934—2003）的设计。该建筑长形的侧面作为不断变换的互动信息墙，这处设计是借鉴了奥斯卡·尼奇克（Oscar Nitschke）的广告之家（Maison de la Publicité，1936）。

罗杰斯的野心表现在执行过程中不断修改的设计——可移动的地板和信息墙消失——但它依旧是一座惊人的建筑，并很快成为巴黎的一个主要景点。罗杰斯后期的作品突出了两个方面：外部结构与服务及扩大的城市比例，宽广的底层设计和露天广场构成了连续性的城市区域。

罗杰斯在完成蓬皮杜艺术和文化中心的建设后，立刻接受伦敦劳埃德保险的邀请，设计伦敦金融城（City of London，1984）总部。面对这处形状不规则的选址，各式各样的塔楼排列出一个窄窄的隧道式中庭，罗杰斯用矩形地砖铺在周围，塔楼向外投射填补了左边的空缺。蓬皮杜艺术和文化中心彩色的楼梯玻璃和不锈钢结构引人注目。这处位于室外的管道式楼梯是罗杰斯式的高科技应用，绰号为"哥特式"。

在与马可·戈尔德施米特（Marco Goldschmied）、迈克·戴维斯（Mike Davies）、约翰·扬（John Young），以及后期与格拉哈姆·斯特克（Graham Stirk）和伊凡·哈伯（Ivan Harbour）的合作下，理查德·罗杰斯建造了一个国际性项目。在伍德大街（1990—1999），他们共同设计了伦敦繁荣时期最优雅精致的办公大楼。在波尔多的新法庭（Palais de Justice，1999）的设计中，他们将法庭设在独立的蛋形底座上，侧面则是大规模的玻璃立面，这一特征与位于卡迪夫的威尔士国民议会大楼（National Assembly of Wales，2005）屋顶有相似之处。马德里—巴拉哈斯国际机场（Madrid-Barajas Airport，2006）新航站楼内，竹纹的天花板设计比伦敦希思罗机场（London's Heathrow，2008）5号航站楼更显空间的丰富与宏大。

罗杰斯同样在政府政策方面投入了大量的时间。1995年，他参加了英国广播公司著名的"蕾斯讲座"。两年后，《小小地球上的城市》（Cities for a Small Planet）一书出版。1998年，受英国政府的邀请，他创建了"英国城市工作组"（Urban Task Force），并出版《政府工作白皮书：迈向城市的复兴》（Government White Paper Towards an Urban Renaissance）一书。从2001年到2009年间，他担任了伦敦市长的首席建筑与城市化顾问。

对页： 伦敦劳埃德大厦（1984）有着不锈钢的外壳，巧妙地融入了中世纪错综复杂的街道，成为现代性的宣言。

上图： 理查德·罗杰斯（右）和他的搭档格拉哈姆·斯特克（左）、伊凡·哈伯（中），2012年。

位于波尔多的新法庭(1999)有着不锈钢框架、玻璃立面与蛋形底座。

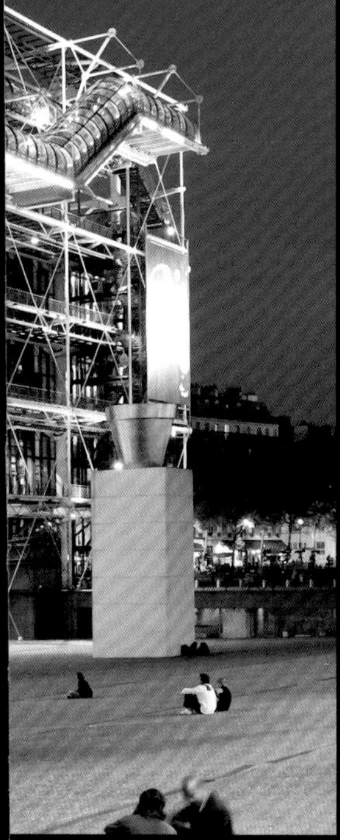

左图： 理查德·罗杰斯与伦佐·皮亚诺共同设计的巴黎蓬皮杜艺术和文化中心（1977）有着千变万化的外观，被称为人文运动的作品。

下图： 马德里—巴拉哈斯国际机场（Madrid- Barajas Airport，2006）新航站楼内有红色的“树枝”和起伏的木制天花板，是近年来最为难得的机场建筑。

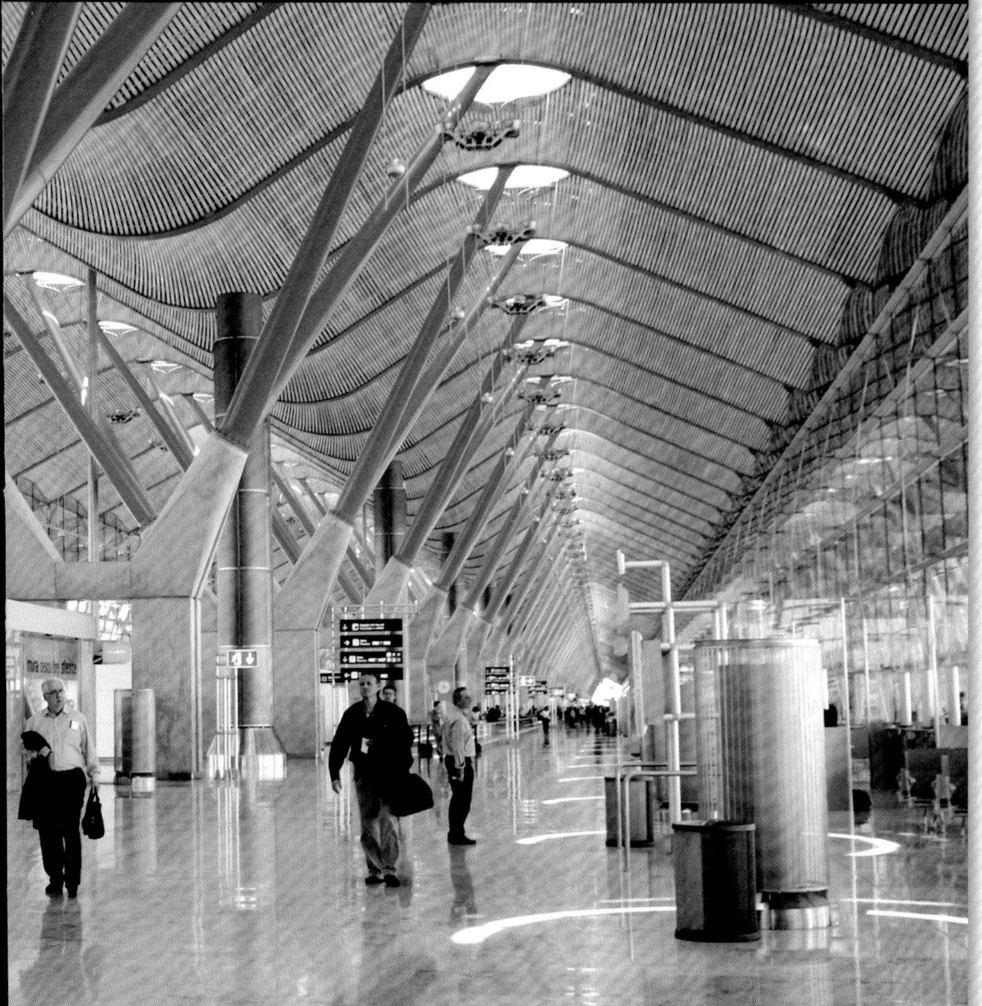

理查德·罗杰斯

1920

1930

1933 出生于佛罗伦萨

1940

1950

1960

1961 在耶鲁大学攻读硕士学位，并在那里遇见诺曼·福斯特

1970

1977 成立理查德·罗杰斯合伙企业

1980

1990

1995 成为首位参加英国广播公司著名的“雷斯讲座”的建筑师

1965 被封为“河畔的罗杰斯男爵”

1998 受英国政府的邀请，担任“英国城市工作组”主席

2000

2007 获得普利兹克建筑奖

2010

位于巴西阿雷格里港的塞拉维斯基金会（Ibere Camargo Foundation, 2008）被附加的人行道包裹着，为观赏临近的大西洋提供了多重视野。

"如果你想要建造优秀的作品,那么建筑本身与其功能之间的关系则不需要过多的示意与形式。"

阿尔巴罗·西萨

1933—

葡萄牙

20世纪60年代,葡萄牙处于不发达阶段,建筑师和建筑工人仍然会共同协作,让建筑更好地适应选址。没有人比阿尔巴罗·西萨(Álvaro Siza)更会利用这个机会。首先是波·诺瓦餐厅(Boa Nova Teahouse,1963),然后是帕尔梅拉海滨游泳池(Lega de Palmeira Outdoor Swimming Pools,1966)。两处项目都是基于对气候、潮汐、植物和岩石生成的细致分析后展开的"景观构造"。波·诺瓦餐厅有着上升的平台、楼梯及沿路蜿蜒的混凝土墙壁,使得海面和地平线时隐时现。西萨人为地为帕尔梅拉海滨游泳池创造景观,毫不费力地将薄墙、屋顶和地表平面结合在一起。这样的设计会让人想起弗兰克·劳埃德·赖特的西塔里耶森(Taliesin West)的作品,此外,西萨的设计同时也受到了许多欧洲建筑的影响,最明显的是阿尔瓦·阿尔托和勒·柯布西耶的设计。这两件作品在设计上十分成熟,引人注目,这也说明了西萨对情景环境因素的全方位考虑。

西萨将位于圣地亚哥-德孔波斯特拉的加利西安当代艺术中心(Galician Centre of Contemporary Art,1996)清晰地划分为三片区域:中庭和办公室;礼堂和图书馆;位于博物馆和修道院之间,沿着花园而建的展厅。新老建筑在一系列开放空间内"交错",新的建筑平面框架还原出坚实的老墙体。

相反,位于波尔多的赛哈外斯当代艺术博物馆(Serralves Museum of Contemporary Art,1997)建在一个公园内,周围没有建筑物作为指引。西萨将住所安排在一条贯穿整个公园的南北走向的轴线上,沿着原先的菜地以不对称的形式排列。中间的主体建筑被划分为两翼,构成了第一处庭院;第二处庭院是"L"形,用作博物馆的入口花园。西萨根据坡度地形设计元素,然后进行组合,室内花园的连接使得流体的空间展现出多种路线和视角。

位于巴西阿雷格里港的塞拉维斯基金会(2008)傍依大海,屹立在一个长形平台上。高高的立柱仿佛拔地而起的白色悬崖,与周围郁郁葱葱的景色构成鲜明的对比。面对沿海公路的墙体被人行道包裹着,形成内外相连的流通过道。正如赖特设计的位于纽约的古根海姆博物馆,这条走道可供行人通行。与赖特残缺的杰作不同的是,这座沐浴在自然光中的美术馆有着多样而灵活多变的形式。

上图: 阿尔巴罗·西萨,2008年。

左图： 西萨将位于圣地亚哥-德孔波斯特拉的加利西安当代艺术中心（1996）清晰地划分为三片区域。

下图： 1998 年里斯本世博会上的葡萄牙馆（Portuguese Pavilion）作为进入世博园的充满戏剧性的入口，穿过反重力的曲线吊顶，映入眼帘的便是浩瀚大海。

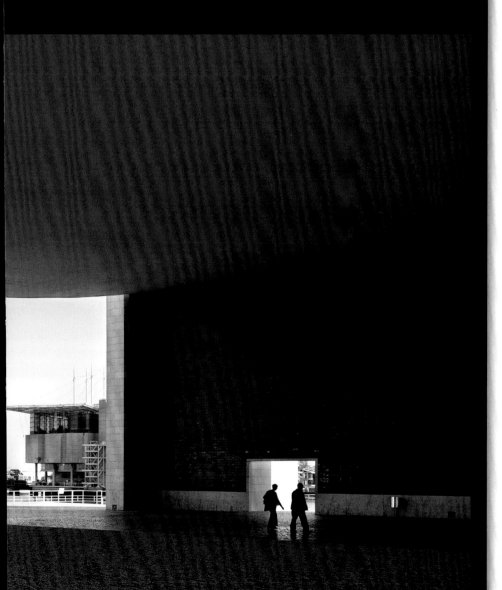

上图： 帕尔梅拉海滨游泳池（1966）无论是从视觉上还是构造上看，都与环境美妙地融为一体。

阿尔巴罗·西萨

- 1933 出生于葡萄牙的马托西纽什布
- 1955 毕业于波尔多大学建筑学院
- 1976 被任命为波尔多大学建筑学终身教授
- 1977 随着葡萄牙政治改革，开始从事低成本房屋建造工作
- 1992 获得普利兹克建筑奖
- 2002 巴西的塞拉维斯基金会（2008）在威尼斯双年展中获得金狮奖（Golden Lion）
- 2010 在格拉纳达的阿尔罕布拉获得新游客设施奖

"我都不曾知道，我也有风格。"

迈克尔·格雷夫斯

1934—

美国

同"纽约五人组"的成员理查德·迈耶（Richard Meier）和彼得·艾森曼一样，迈克尔·格雷夫斯（Michael Graves）于20世纪70年代初次登上历史舞台，宣扬20世纪20年代的"高水平"现代主义。例如，汉索曼住宅（Hanselmann House，1967）这类早期建筑被称为"立体派的厨房"，是对20世纪20年代勒·柯布西耶风格建筑的剖析，采用了近乎纯粹的壁画形式进行设计。但在之后的十年里，格雷夫斯开始运用古典主义，并且这也转变成他终生的设计风格。他转型时期的关键性项目是位于美国北达科他州的法戈·穆尔黑德文化中心（Fargo Moorhead Cultural Center）。然而遗憾的是，这个项目至今仍停留在图纸上。他作品的"叙事"结构体裁，有着显而易见的18世纪法国革命性建筑师克劳德-尼古拉斯·勒杜（1736—1806）的痕迹，那拼图般的组合是古典与抽象图案的巧妙结合。

"巧妙"并非批评者们对格雷夫斯作品的描述。当他公开发表俄勒冈州波特兰的公共服务设施的设计方案时，甚至当这个项目真正建成的时候，"广告板上满是各式各样的涂鸦"，这只是各种评论中的一部分。但对于格雷夫斯其他代表性的建筑而言，则是后现代主义蓬勃发展的关键标志。他关注图形，擅长使用历史性的，主要是经典的理论名言。

位于路易斯维尔的胡玛纳大楼（Humana Building，1986）更加令人信服，并影响了新一代的城市写字楼。这栋大楼的设计占据了整个选址空间，并且随着大楼的建立，人们重新树立起对城市形态中传统街道的敬仰之情。站在顶楼的大会议室的户外玄关向外俯瞰，便能感受到自己置身于林立的大厦之中，俄亥俄河环绕四周。

在普林斯顿的私人住宅（house in Princeton，1986—1993）中，格雷夫斯对旧式家具进行了彻底的改写。他采用了对称的设计，使房间一间间相连，弓形窗户和基本的托斯卡纳式设计，使整个住宅古典风韵十足。这种样式比格雷夫斯其他的大型设计更加宽敞舒适。空间衔接流畅，整间屋子并非都是古板对称的，这样的设计试图唤起住客对夏天的意大利农庄建筑的"清新自然"的回忆。

格雷夫斯住宅是除了像奥兰多的迪士尼世界海豚度假酒店（Disney World Dolphin Resort Hotel，1990）以外，世界上难得的经典建筑。令人震惊的是格雷夫斯于1987年现身，为德克斯特鞋（Dexter Shoes）做广告，预示着20世纪90年代是"设计师的黄金十年"。期间，他为许多优秀的制造商，比如意大利的艾烈希（Alessi）和美国廉价家庭用品公司塔吉特（Target）进行设计创作。

2003年，格雷夫斯因疾病导致半身瘫痪，他开始对设计更加优越的医疗环境和设备产生了极其浓厚的兴趣。2009年，他与医疗家具与设备生产商斯特赖克（Stryker）合作。如今在美国，格雷夫斯是通用形式和包容性设计的主要倡导者。

对页： 俄勒冈州的波特兰市公共服务建筑（1983）中的巨型"基石"和"壁柱"。

上图： 迈克尔·格雷夫斯，2008年。

迈克尔·格雷夫斯

1920

1930

1934 出生于印第安纳州的印第安纳波利斯

1940

1950

1959 为建筑师、设计师乔治·尼尔森（George Nelson）工作

1960 获得位于罗马的美国研究院的罗马奖学金

1970

1972 被普林斯顿大学聘请为全职教授

1980

1987 为德克斯特鞋（Dexter Shoes）做广告

1990

2000

2001 获得美国建筑师协会金质奖章

2010

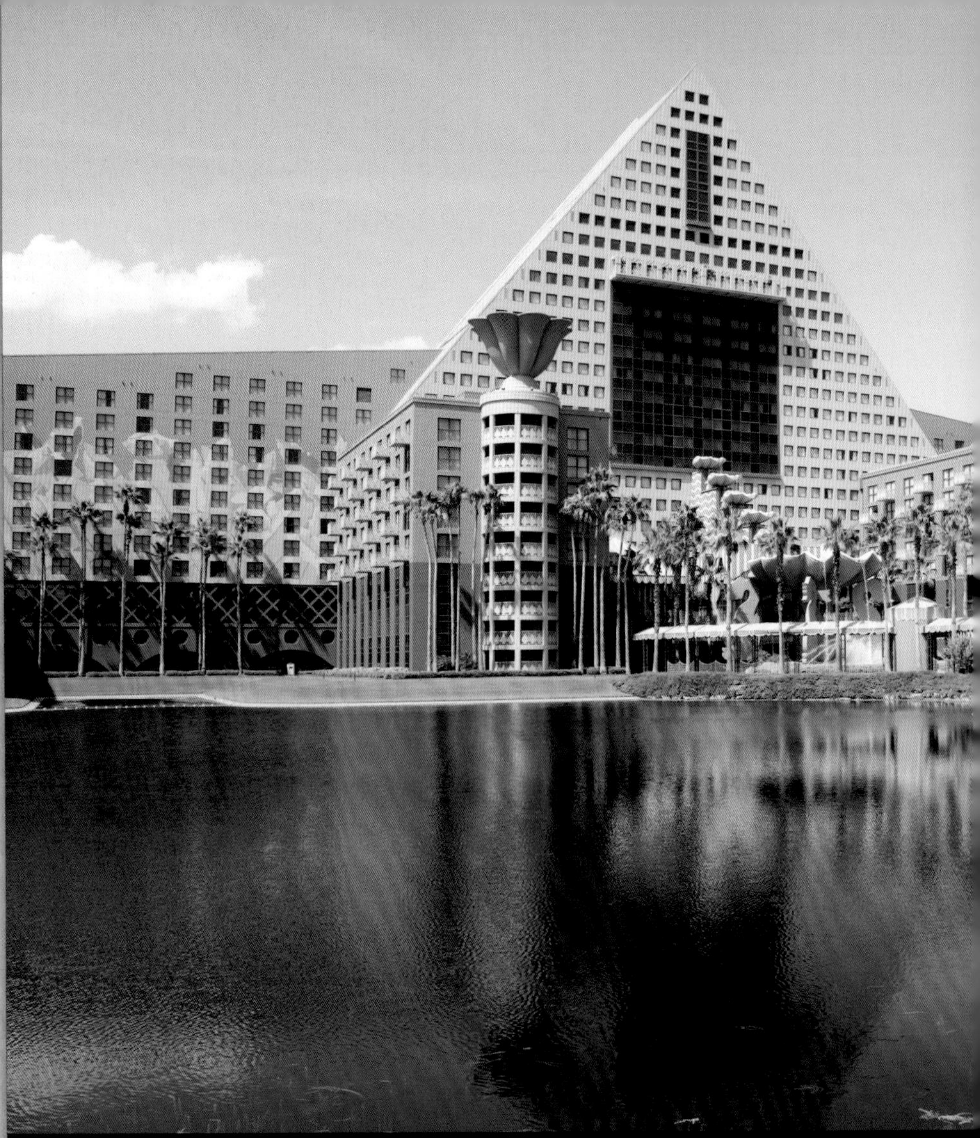

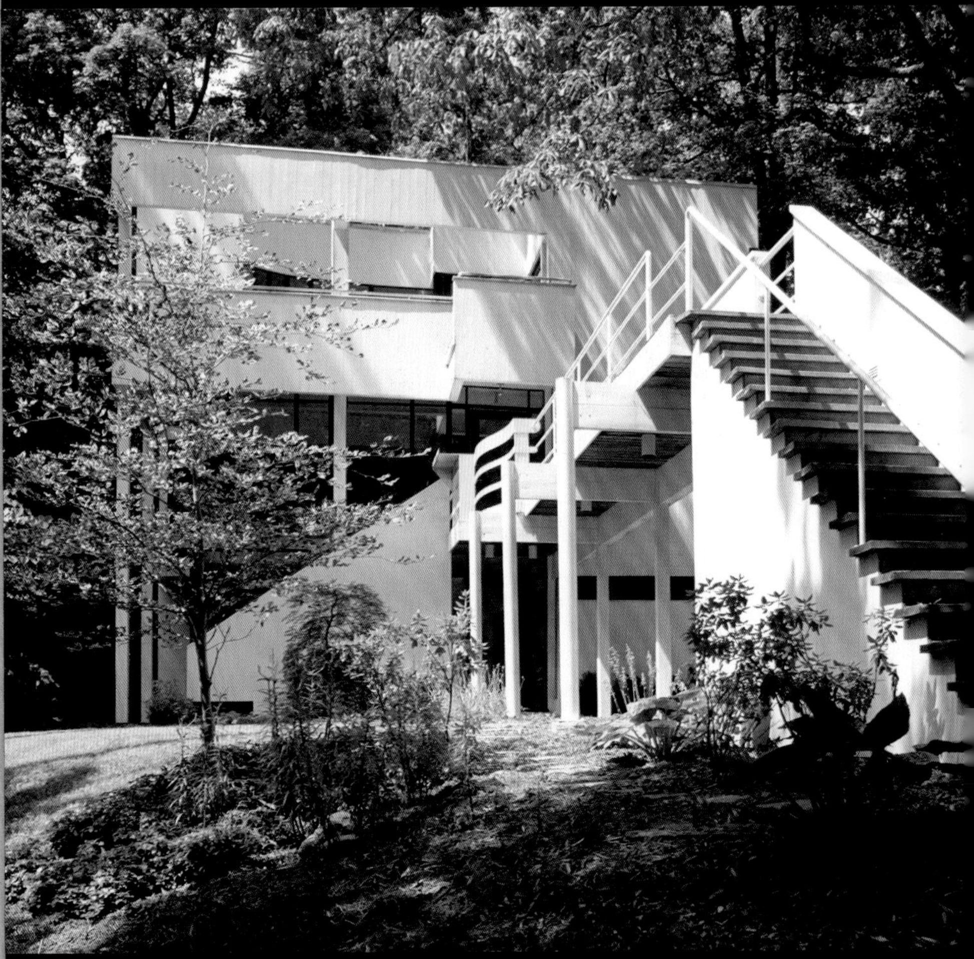

下图： 位于路易斯维尔的胡玛纳大楼（1986）引领建筑界回归传统的城市形式。

底图： 位于普林斯顿的格雷夫斯住宅 (Graves House, 1986—1993) 比起其他大型项目更显得有经典韵味。

对页： 像奥兰多的迪士尼世界海豚度假酒店（1990）这样有趣而夸张的建筑，令格雷夫斯的业界同行感到震惊。

对页下图： 位于印第安纳州韦恩堡的汉索曼住宅（1967），深受 19 世纪 20 年代勒·柯布西耶建筑的影响，集中体现了格雷夫斯早期的建筑风格。

上图： 在维尔卡尼亚的奥弗涅（2002），霍莱因在玄武岩熔岩上精心雕刻出一系列基础设施，镶嵌着金色金属的深色火山锥石。

对页： 1999 年，汉斯·霍莱因在其设计的哈斯大厦（Haas Haus, 1987—1990）前。

"建筑是神圣的宗教仪式,建筑是温暖的避风港湾。而这相距甚远的两种功能正是经历了上千年的演变,才转化统一为建筑。"

汉斯·霍莱因

1934-2014

奥地利

汉斯·霍莱因(Hans Hollein)通过前卫的蒙太奇设计——最令人难以忘怀的是消失在风景中的航空母舰转化成了一栋超级建筑(1964)——以及有着设计创意的商店和内饰为年轻时候的自己留下了印记。第一间商店是位于维也纳最著名的商业区科尔市场(Kohlmarkt)的小型雷特尔蜡烛商店(Retti Candle Shop,1966)。商店的门面和内饰都是铝制的,入口的形状如同钥匙孔,和敞开着的窗户十分匹配,看起来似乎同揭开盖子的沙丁鱼罐头一般,拥挤得十分"自然"。

让人感觉极为讽刺的是,室内陈列的蜡烛多得就像万神殿内的一般。但这是继约翰·索恩爵士(Sir John Soane)在伦敦的私人住宅(Sir John Soane's house,1812—1813,如今为博物馆)以来,最迷人而小巧的室内建筑设计。这处设计包含着清晰简单而又与众不同的建筑哲学。机械设备、固定装置和有目的的铝铰链保留了它们的个性,成了空间概念不可分割的一部分。正如霍莱因所说:"商店概念同样也是城市概念。"

到20世纪70年代中期,霍莱因的作品更加折衷,尤其是他于1976年至1978年在维也纳设计的后现代主义风格旅行社。拼贴的黄金棕榈树、被侵蚀的古典主义立柱、不同颜色及纹理的石头和高科技的细节,都体现出对比的魅力所在,表现出旅游业的现代性和人为性。

位于门兴格拉德巴赫的市政博物馆(Municipal Museum,1972—1982)是霍莱因的代表作。在此,他进一步根据"城市概念"探索建筑组织的理念。视觉上,内部统一的白色完成了对现代和当代艺术的展示,但空间变化多样。结合了画廊的常规构造的流动空间如风景般环绕着建筑周边的外沿,如同城市中的一连串"事件"。这包括高大的广场入口馆和有着宽敞广场、窗外能看到修道院风景的用铝镀建造的咖啡馆。这座博物馆有着小型的政府大厦、多个入口和起伏的花园露台,成为一处令人难忘的嵌入式新地标。

之后,霍莱因工作的重点又回到位于维尔卡尼亚的奥弗涅(Vulcania in the Auvergne,2002)的零部件设计上。这些建筑群位于海拔1000米(3281英尺)的死火山。虽然它的设计极为复杂,但却围绕着原始的地质力量提供了一次"寓教于乐"的体验。地下室、会议室、IMAX剧场和证明火山土壤肥沃的温室,都是通过对着火山口的长斜坡才能到达。在此之上镶嵌着金色金属的深色火山锥石,成为这栋建筑标志性的景观。霍莱因旨在创建一个简约而绝对的"纯粹"建筑,但许多项目都没有完全跳出迪士尼的框架。

汉斯·霍莱因

出生于维也纳

1890　　1900　　1910　　1920　　1930　1934　1940

左图： 位于门兴格拉德巴赫的市政博物馆（1972—1982）被构建为小型的城市。斜对面的画廊由一连串独特的"项目"构成，例如位于突出位置的咖啡馆（右侧）。

上图： 雷特尔蜡烛商店（1966）小巧而精致，这样的大小比例在国际上很有影响力。

左图： 作为一个前卫的设计师，霍莱因将蒙太奇手法融入设计，例如"航空母舰城"（Aircraft Carrier City,1964）。

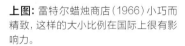

毕业于维也纳美术学院建筑系 — 1956

于加州大学伯克利分校取得硕士学位 — 1960

雷特尔蜡烛商店获得雷诺兹纪念奖 — 1966

设计库珀休伊特博物馆（Cooper-Hewitt Museum）"人类转换"的首次展览 — 1976

设计维也纳"梦想与现实"展览 — 1982

获得普利兹克建筑奖 — 1985

于维也纳去世 — 2014

"我认为白色最为美妙,因为人们可以在其中找到彩虹中的任何一种颜色。"

理查德·迈耶

1934—

美 国

1972年,理查德·迈耶(Richard Meier)与其他几名建筑师组成了"纽约五人组",从而在建筑界脱颖而出。他们的工作与"组"这个词的含义有所不同,但他们一致对早期现代主义建筑抱有热情。尤其体现在格里特·里特维德的施罗德住宅(1924)、勒·柯布西耶位于加尔舍的斯坦恩别墅(Villa Stein,1927)中。他们反对风格主义,却对同时代的罗伯特·文图里和查尔斯·摩尔(Charles Moore,1925—1993)作品中展现出的流行文化颇有好感。

迈耶对分层空间特别感兴趣,而这表现在勒·柯布西耶房屋设计中的组织原则上。在美国康涅狄格州的史密斯住宅(Smith House,1967)设计中,迈耶设置了一条从入口处到湖边的轴线,与空间平面垂直相交,与周围的景观相映成趣。

在位于印第安纳州新哈莫尼[社会改革家罗伯特·欧文(Robert Owen)自1825年开始打造的"理想小镇"]的游客中心社区文化馆(Atheneum,1979)的设计中,迈耶将其在住宅中使用的设计手法大规模应用于此。建筑物设计在地势低洼之处,并沿着轴线展开,从游客乘船抵达处开始,经过游客中心到达城镇。为了方便游客,这条路线设计了5°的倾斜角度,这更使迈耶有机会施展复杂的形式设计才能。

如勒·柯布西耶的萨伏伊别墅一样,社区文化馆的主体空间倾斜地围绕着中心展开,阳光倾泻而下照进屋内。交错的槽线和室内的玻璃窗,使游客在行走的过程中可以将周围的风景尽收眼底;这种大规模的设计为迈耶积累了丰富的经验,但又没有勒·柯布西耶作品中的紧凑感和压抑感。

迈耶后期的作品,例如位于法兰克福的应用艺术博物馆(Museum of Applied Art,1985),采用了一种独特的分层立面设计,倾斜的网格和穿插的坡道与勒·柯布西耶的作品有不同之处。结合娴熟的光线设计技巧,迈耶呈现了一系列迷人的内部设计。但对于大型项目,如位于海牙的市政厅和中央图书馆(City Hall and Central Library,1995),这种设计的局限性则十分明显。

位于洛杉矶的盖蒂中心(Getty Center,1997)为他赢得了声望,于是迈耶开始接受更大的挑战项目。他将多种多样的建筑看作城市元素,他设计的规划图是自然形态、城市网格和高度之间的复杂对话,将洛杉矶和圣莫尼卡山脉连接起来。

对页: 位于洛杉矶的盖蒂中心(1997)是按照小型城市进行设计的,地形与城市网格相一致。

上图: 理查德·迈耶与纽约佩里街的两栋公寓模型,约2000年。

左上图： 和迈耶设计的许多作品一样，位于法兰克福的应用艺术博物馆（1985）内贯穿整座建筑的坡道构成了博物馆的支架。

右上图： 应用艺术博物馆采用了复杂的混凝土网格及分层立面设计。

理查德·迈耶

- 1920
- 1934 出生于新泽西州纽瓦克市
- 1930
- 1940
- 1950
- 1960 跟随马歇·布劳耶工作
- 1963 在纽约成立自己的事务所
- 1967 凭借美国康涅狄格州的史密斯住宅一举成名
- 1970
- 1972 《建筑五人组》（*Five Architects*）一书独具特色，其他成员还包括他的第二个妻子彼得·艾森曼
- 1980
- 1984 获得普利兹克建筑奖，成为当时最年轻的获奖者
- 1990
- 2000
- 2005 于旧金山的高古轩画廊举办拼画展
- 2010

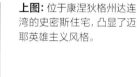

上图： 位于康涅狄格州达连湾的史密斯住宅，凸显了迈耶英雄主义风格。

左图： 位于印第安纳州新哈莫尼的游客中心社区文化馆（1979）的布局围绕着复杂的循环系统展开，并且由内而外都粉刷成了白色。

"对高质量建筑的追求包括了对其物理性能的要求。"

诺曼·福斯特

1935—

英　国

1963年，当诺曼·福斯特（Norman Foster）与温迪·奇斯曼（他的第一任妻子）、理查德·罗杰斯和苏·布拉姆韦尔组成"四人小组"，由此开启了他独立完成建筑设计的职业生涯。他最令人印象深刻的建筑是两栋大楼：一栋是康沃尔郡的克里克·维安别墅（Creek Vean House，1964—1966），虽处陡峭的海岸，但福斯特却巧妙地将其融合；一栋是位于斯温登的电子工厂（Reliance Controls Factory，1967），后来以典型的高科技建筑著称。

1967年，"四人小组"分裂，福斯特继续完成了一项世界瞩目的建筑项目。然而，相比之下，他早期的作品都更有创意。首先是位于伊普斯威奇州的威利斯·费伯和杜马斯保险公司大楼（Willis Faber & Dumas，1975）。他设计的作品占据了整个场地，无框玻璃的设计使阳光照射进来，阴影部分显得绵延起伏。这栋大楼中没有依赖可见的支持框架，而是与皮尔金顿玻璃公司（Pilkington Glass）合作，通过特殊的科技方式实现玻璃"窗帘"的效果。办公室室内的装修也同样别出心裁，不禁令人想起百货公司的内部设计：手扶电梯上连接着三块连续的拼接板，让整个空间布置宽敞而开放。

福斯特设计的位于诺威奇的东安吉利亚大学塞恩斯伯里视觉艺术中心（Sainsbury Centre for Visual Arts，1977）建筑基本框架像是深层次服务区外窄窄的嵌入口。这种轻质的结构位于开放的空间之上，两端密封，是当时世界上最大的玻璃墙壁。屋顶的百叶窗可以调节室内的光线。

香港上海汇丰银行总部大厦（1986）项目使福斯特终于有了设计摩天大楼的机会。不像其他银行大楼一部电梯服务所有楼层，他把大楼分成多个所谓的"垂直村庄"，每处都有两层高的大厅且由中庭作为连接。中庭天花板是硕大的镜面，而下面是玻璃地板。来来去去的行人通过太阳光的反射呈现在镜面中。建筑结构也同样富有创意：位于角落的四根立柱将大楼支起，并且有着针对地震设计的稳定装置和位于大厅处的巨型桁架；此外，钢架一直延伸到地板作为支撑。

"棚屋"（Sheds）和高塔成为福斯特建筑的核心。著名的"棚屋"有法国尼姆的方形现代美术馆（Carre d'Art，1993）、斯坦斯特德的伦敦机场（1991）、香港赤腊角的新机场（1998）和北京的新机场（2007）；而在伦敦市区的建筑圣玛丽斧街30号——"小黄瓜"（Gherkin），真正引发了公众的想象力。福斯特对历史建筑同样得心应手，他曾对大英博物馆大展苑（Great Court in the British Museum，2000）进行改造；翻新并改造位于柏林的德国新国会大厦（New German Parliament，1999）；就基础设施设计而言，位于法国的具有权威性的米洛大桥（Millau Viaduct，2004）更是让福斯特跻身顶级建筑师之列。

对页： 香港上海汇丰银行（1986），福斯特通过外部桁架，将摩天大楼设计成"垂直的村庄"。

上图： 诺曼·福斯特，2009年。

对页: 翻新的柏林德国新国会大厦(1999)内,游客可以在新玻璃屋顶下四处参观或俯瞰脚下的议会。

诺曼·福斯特

上图: 位于伊普斯威奇州的威利斯·费伯和杜马斯保险公司大楼(1975)实现了现代主义无框玻璃窗帘的愿景。

下图: 位于法国西南部的斜拉式米洛大桥(2004)横跨山谷,人们可以在壮丽的田园风景中驱车驰骋。

- **1935** 出生于大曼彻斯特郡的雷迪什
- **1961** 毕业于曼彻斯特大学建筑学院
- **1963** 诺曼·福斯特与理查德·罗杰斯、温迪·奇斯曼利苏、布拉姆韦尔组成"四人小组"
- **1967** 成立福斯特建筑事务所
- **1968** 与巴克敏斯特·福乐建立长期合作
- **1999** 获得普利兹克建筑奖
- **2007** 与理查德·布兰森(Richard Branson)合作设计维珍银河公司(Virgin Galactic)的项目

"建筑和音乐是两种息息相关的艺术形式。"

朱哈·利维斯卡

1936—

芬兰

朱哈·利维斯卡（Juha Leiviskä）将建筑描述成"凝固的音乐"。而 20 世纪的建筑师中没有一位比他的表述更为贴切。假如他不是一位建筑师，那么他很可能会成为一名钢琴演奏家。在 20 世纪 80 年代早期，他便有完善的切分水平立面和垂直立面的设计作品，这与他的祖国芬兰光照角度低的环境非常适应。

芬兰建筑的国际声誉主要来自于阿尔瓦·阿尔托的作品，并且在 20 世纪 50 年代，路德维希·密斯·凡·德·罗和包豪斯风格的元素与设计占据了主流地位，其中有代表性的作品来自利维斯卡的老师奥利斯·布隆（Aulis Blomstedt）。利维斯卡在竞赛中取胜的项目——科沃拉市政厅（Kouvola City Hall，1968），开启了他的职业建筑生涯。这栋建筑有着彻头彻尾的密斯式风格，而在接下来的几年中，他开发了一种能反映两种看似完全不同风格的设计方法：德国的洛可可教堂内，扩散的边缘和表面呈现与内部灯光协调一致；传统的芬兰村庄内，采用了标准尺寸的木条，可以让建筑拥有整体和谐的比例。

利维斯卡的成熟风格得到国际认可的项目是位于米尔玛尼的教堂和教区中心（Church and Parish Centre，1984）。这栋教堂设在一处抬升的郊区铁轨旁。作为呼应，除了祭坛后的小部分退至灯光下以外，利维斯卡将大楼的整个墙面设计得与轨道平行。在这种结构中，室内一系列尺寸不一的砖块立面将阳光或抵挡在外，或反射入内，使得光线似乎是从四面八方汇聚进来的一样，光线薄而轻，利维斯卡正是通过这种极其微妙的照明装置为教堂增光添彩。

在位于库奥皮奥的曼尼斯托教堂（Mannisto Church，1992）的设计中，利维斯卡与艺术家马尔库·派肯能（Markku Pääkkönen）合作，将色彩涂在环绕于祭坛一侧的墙面上，在光线和色彩的作用下凸显"气氛"的神秘与神圣。虽然采用了中世纪彩色玻璃窗的形式，但已完全是现代的表现手法。

尽管利维斯卡在这栋宗教建筑上采用的是最雄壮的表达方式，但却影响了他日后一系列项目。在大型项目中，他的焦点偏向于创建另一种特定环境，即"位置"，也就是当地居住形式与地形地貌的适应性。这样的空间布局，无论大小，都会如同事件发展逻辑一般沿着城市的中轴建设，形成他的整个规划的框架。这是他许多设计作品的共性，其中包括位于赫尔辛基云杉岛的德国大使馆（German Embassy，1993）、赫尔辛基的瑞典社会科学学院（Swedish School of Social Science，2009），以及小型项目瓦利拉图书馆和日托中心（Vallila Library and Daycare Centre，1991）。

对页： 位于米尔玛尼的教堂和教区中心（1984），光线被分层的墙面过滤，创造出一种轻盈的室内效果。

上图： 朱哈·利维斯卡，1996 年。

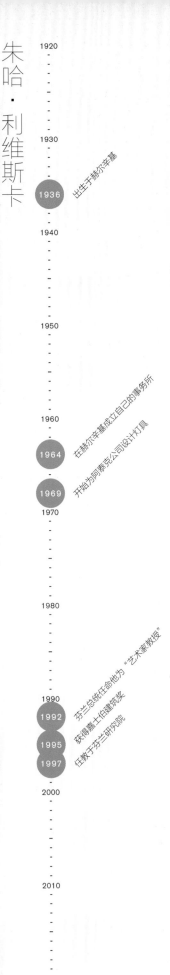

朱哈·利维斯卡

- 1936 出生于赫尔辛基
- 1964 在赫尔辛基成立自己的事务所
- 1969 开始为阿泰克公司设计灯具
- 1992 芬兰总统任命他为"艺术家教授"
- 1995 获得嘉士伯建筑奖
- 1997 任教于芬兰研究院

上图： 由于建筑师的精细工程设计，使得位于库奥皮奥的具有砖石砌面的曼尼斯托教堂（1992）显得曼妙秀丽。

下图： 为适应中东地区的炎热气候，利维斯卡将位于伯利恒的达尔·卡利马学院（Dar al-Kalima Academy, 2004）设计在小型花园之后，让光线经过过滤后照进室内。

上图： 位于赫尔辛基云杉岛的德国大使馆（1993）以事项流程作为建筑的线性路径。

左图： 赫尔辛基的瑞典社会科学学院（2009）被花园环绕着，展现出阳光与空间的流动画面。

"风景总会给我们提示。"

格伦·马库特

1936—

英国

虽然格伦·马库特（Glenn Murcutt）是澳大利亚建筑界的先驱，但他却是在劝说之下才继承了父亲的事业。少年时期的他读到一篇关于路德维希·密斯·范·德·罗典型国际风格的范斯沃斯住宅的文章，因此他的第一件作品便顺理成章地选择了绝对的密斯式风格。1973年他开始四处旅行，期间他遇见了几位极具影响力的人物，其中包括加利福尼亚州的现代主义建筑师克雷格·埃尔伍（Craig Ellwood，1922—1992）和巴黎的玻璃屋（1932）的设计者皮埃尔·查里奥。回到澳大利亚后，他的朋友瑞克·露辛达（Rick Leplastrier）正在设计棕榈室（Palm House，1974）。这栋位于悉尼附近的建筑由独特的轻质材料建成，极为适应澳大利亚的气候与文化，极具感染力。

位于肯普西的偏远建筑——玛丽·肖特住宅（Marie Short House，1975），迫使他采用简单的细节设计和当地农业建筑技巧，这对马库特来说有着决定性的意义。他设计的位于蒙特埃文的尼古拉斯住宅（Nicholas House，1980）结合了当地建筑中的波纹铁屋顶、集雨桶和旋转通风百叶窗的元素。

马库特成熟的住宅作品将设计和自然相结合，尤其是澳大利亚的阳光。建筑精致得几乎脆弱的形式是为了利用如此强烈的阳光，以至于呈现出碎片性或孤立性，而不是紧密相连的。

在类似于鲍尔·夷斯特威住宅（Ball-Eastaway House）和悉尼戈兰诺里工作室（Glenorie Studio，1983）的设计中，马库特利用阳光强调结构元素：桁条和椽子互相投影，而屋顶则简单地采用波浪形金属材质。室内，隔断与屋顶相连，透明的立面使光线渗透到里里外外，将整个屋子照亮。线性的立柱内部由七根钢管组成，构成了入口处的玄关。在休息处的露台上能看到西北面的风景，宽大的走廊则始于入口处，一路向室内和周边延伸。

位于宾吉点的麦格尼住宅（Magney House，1984）是马库特所青睐的长形金属临时建筑物的巅峰之作。这座长形建筑东西走向，中心为客厅和就餐区，两侧分别是主卧、两间儿童卧室或客房。弯曲的不对称的海鸥型屋顶设计，源于对风能和太阳能的利用。南侧用实心砖垫高2.1米（7英尺），而北侧（向阳）完全与地面齐平。由于对角线关系，起伏而挑高的屋檐优雅地阻挡了天窗照射进来的阳光。外部安装了百叶窗，起到再次保护的作用。细细观察，这栋住宅设计得精致巧妙，远远看去好像一盏简洁的银灯，遵循着原住民"善待地球"的准则。

对页： 位于肯普西的玛丽·肖特住宅（1975）远离城市，采用了最简单的细节设计和建筑技巧。

上图： 格伦·马库特，1999年。

格伦·马库特

1920

1930

1936 出生于伦敦

1940

1950

1960

1962 开始为期两年的欧洲之旅，足迹遍布意大利、南斯拉夫、希腊、法国、荷兰、德国、波兰、丹麦、瑞典和芬兰

1969 在悉尼郊区成立自己的工作室

1970

1980

1990

2000

2002 获得普利兹克建筑奖
“格伦·马库特：地方建筑”展览在东京画廊展出；随后，作品被澳大利亚建筑基金会用于旅游展览及纪录片拍摄

2008

2009 获得美国建筑研究所金质奖章

2010

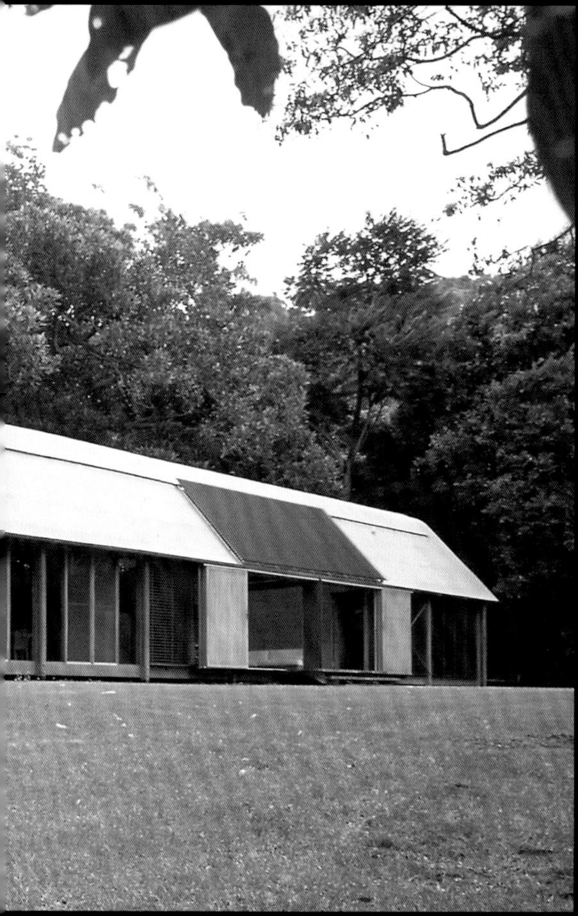

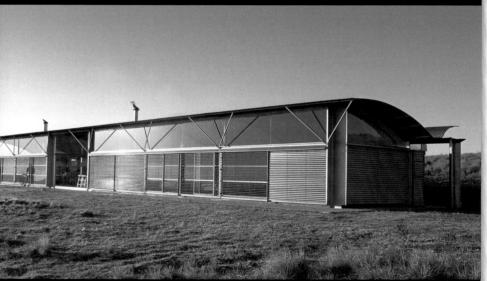

左图： 位于新南威尔士州南部海岸的弗雷德里克斯白色住宅（Fredericks/White House，1982，延长至 2004 年）被热带雨林包围。从远处看，这处房屋设计在旧农舍的壁炉周围。搭配波纹金属屋顶的双排庭院设计，集中体现了马库特适应乡村生活的改变。

对页： 位于宾吉点的麦格尼住宅（1984）模仿海鸥翅膀设计出弯曲的不对称型屋顶，这种结构源于对风能和太阳能的利用。

上图： 麦格尼住宅是马库特用牢固的墙体和玻璃面筑造的线型建筑的巅峰之作。

"把建筑物放在历史的长河里,解释并理解我们为何身处此地是非常关键的。"

拉斐尔·莫内欧

1937—

西班牙

拉斐尔·莫内欧(Rafael Moneo)凭借位于西班牙梅里达的罗马艺术国家博物馆(National Museum of Roman Art,1986)进入国际视野。博物馆坐落于历史遗迹的正对面,不仅藏品日益增多,而且是通往地下遗迹发掘现场的入口。地下室的墙壁构成了一系列有规律的拱门,仿佛一段古老的高架桥。在这之上,四层的拱项构成了巨大的、不对称的中殿,两个画廊分居两侧,这种现代的形式让人联想到古代建筑的构造。当不断变化的光轴通过高高的窗户投射到墙壁的顶端,显现出的壮丽之景不禁让人想起意大利雕刻家乔凡尼·巴蒂斯塔·皮拉内西(Giovanni Battista Piranesi,1720—1778)的作品。

这座博物馆是莫内欧 20 世纪 80 年代最有诗意的兴起之作,并成为城市记忆的化身。在穆尔西亚,莫内欧面临着为市政大厅设计一栋大型附属楼(1998)的挑战:如何在一处有着巴洛克教堂和 18 世纪大主教宫殿的广场上确定最佳选址。他的解决方案既恭敬又特别,他根据周围环境测算比例,用自由"舞动"的立柱定位变化的开放空间。然而,这种高雅的设计却被不断地模仿,近乎千篇一律。

对光线的设计是莫内欧成熟作品中反复出现的主题。他构思了位于圣塞瓦斯蒂安的礼堂和国会中心(Kursaal Auditorium and Congress Centre,1999)。它们仿佛两块"被困的岩石",像是河口景观的一部分而不属于这座城市。建筑采用先进的夹层玻璃,半透明的建筑随着环境光的变化而变化。

像休斯顿许多建筑一样,从行驶的汽车里向外看奥黛丽·琼斯·贝克大楼(Audrey Jones Beck Building,2000),像是美术博物馆堡垒结构的延伸。俯瞰大楼,屋顶的灯光熠熠生辉,仿佛中世纪村庄里的一栋栋住宅。走进室内,映入眼帘的便是亮堂堂的房间和走廊、楼梯和过道、通道和庭院。在洛杉矶的天使圣母大教堂(Cathedral of Our Lady of the Angels,2002),侧面小礼拜堂的映射光一直延伸至中殿,感觉犹如罗马式教堂一般。相比之下,整座教堂的光线则是透过薄薄的雪花石板照射进来的,营造出教堂的氛围,这是莫内欧在马略卡岛帕尔马的米罗基金会建筑(Miro Foundation,1992)设计中曾运用的手法。事实上,整个建筑宽敞明亮,没有一丝阴影,仿佛在云端漂浮一般。

对页: 位于西班牙梅里达的四层拱顶的罗马艺术国家博物馆(1986)建于罗马废墟之上,用现代的方式唤起人们对古代建筑的遐想。

上图: 拉斐尔·莫内欧,2003 年。

上图: 洛杉矶的天使圣母大教堂(2002)室内,设计师用厚厚的墙体阻挡室外的光线,并用薄薄的雪花石膏将阳光过滤进来。

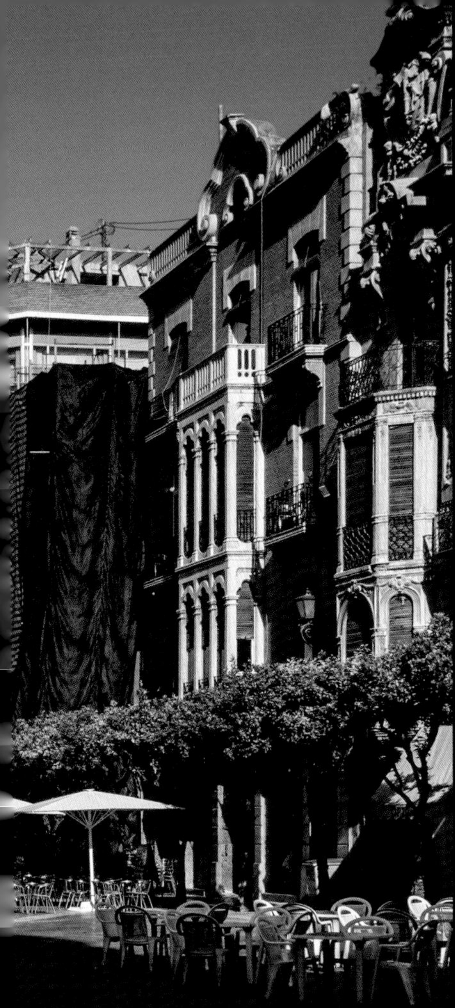

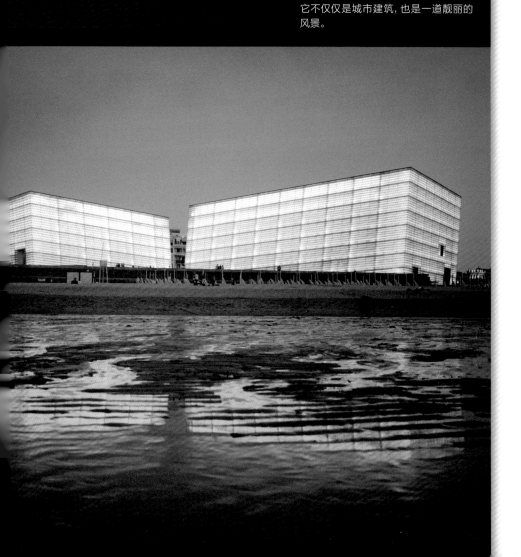

左图： 为了与周围的建筑风格相呼应，穆尔西亚市政大厅（Murcia City Hall，1998）附属楼“舞动”的立柱的设计具有广泛的影响力。

下图： 位于圣塞瓦斯蒂安的礼堂和国会中心（1999）仿佛两块被困住的“发光石”。它不仅仅是城市建筑，也是一道靓丽的风景。

拉斐尔·莫内欧

1920

1930

1937 出生于西班牙图德拉

1940

1950

1960

1961 毕业于马德里大学建筑学院

1962 与约恩·乌松一起参与悉尼歌剧院的设计

1963 在罗马的西班牙语学院开展两年的研究

1965 在马德里创立自己的事务所

1970

1976 在纽约的建筑与城市规划研究院担任访问学者

1980

1984 在哈佛大学设计学研究生院担任建筑学主席

1990

1996 获得普利兹克建筑奖

2000

2010

> "建筑就是将物质材料组合起来。"

伦佐·皮亚诺

1937–

意大利

伦佐·皮亚诺（Renzo Piano）凭借与理查德·罗杰斯合作设计的巴黎蓬皮杜艺术中心（1977）而声名远扬，随后接到了来自全世界范围内的订单。他出生在建筑商世家，从小便对设计和建造工艺颇有兴趣，并且他独特的高科技手法也表现在了继蓬皮杜之后他的首个个人代表作品——休斯顿的梅尼尔收藏博物馆（Menil Collection Gallery，1986）中。展览馆周围是公园式的住宅，展览馆的设计与这些房屋的比例、材料和门廊相呼应。精致的钢丝网水泥飞檐之下是玻璃材质的屋顶，技术先进且设计精良，但又不像蓬皮杜艺术中心那样慷慨激昂。

顶端照明和分层屋顶是皮亚诺作品中反复出现的主题。他自己的办公室，或称建筑工作坊（Building Workshop，1991）位于热那亚附近海域的小山丘上，让人想起层层叠叠的利古里亚海岸边的玻璃暖房。房屋外部的百叶窗可以控制室内的光照。巴塞尔的拜尔勒基金会博物馆（Beyeler Foundation Museum，1997）内有着水平钢梁网格支撑的巨大玻璃屋顶，且一直向外延伸。玻璃面上有遮阳板，可以过滤掉50%的太阳光。四面平行墙体将室内分割成了独立的空间。墙面内侧为白色，而外围延伸部分则用红色斑岩砌成，与附近的天主教堂相映成趣。

皮亚诺对新喀里多尼亚努美阿的吉巴欧文化中心（Tjibaou Cultural Centre，1998）的设计反映了他对当地建筑的极大兴趣。皮亚诺深受当地卡纳克人影响，决定利用自然优势进行设计。面对美丽的风景，他便就地取材编制草屋，决定采用最少的干预进行设计。整个设计沿着已有的街道展开，借鉴传统村庄和具有特色的大型木质结构"房屋"，并效仿卡纳克的小屋设计，这样的设计既能减弱信风，又能作为对流通风管道。环境的控制对这些结构设计和建造的方方面面几乎起着决定性作用。

皮亚诺的设计源于当地传统，与周围环境密不可分。然而整个设计和建造都运用了复杂的西方科技。皮亚诺位于努美阿的项目为21世纪世界建筑树立了标杆。在意大利，他也将相同的建筑理念融入全球资本的象征、欧洲著名的最高建筑——伦敦碎片大厦（The Shard）的设计中。这栋72层高的大楼是多种结构模式的混合体。它由8块斜面玻璃构成，阳光在玻璃面的映射下呈现出变幻莫测的效果。喷口之间的缺口或玻璃碎片之间的"断裂"为冬季的花园提供了自然的通风口。和诺曼·福斯特设计的香港上海汇丰银行大厦（1986）一样，伦敦碎片大厦是摩天大楼建造史上的创举。

对页： 伦敦碎片大厦（2012）由八块倾斜的玻璃墙面构成，它们之间的空隙也成为冬季花园天然的通风口。

上图： 伦佐·皮亚诺，2011年。

对页： 位于新喀里多尼亚的努美阿的吉巴欧文化中心（1998）借鉴了当地卡纳克人传统草屋的建筑形式。

下图： 巴塞尔的拜尔勒基金会博物馆（1997）由平行的墙面构成。层层的玻璃屋顶既对阳光进行了过滤，同时保证了室内充足的光照。

左图： 休斯顿的梅尼尔收藏博物馆（1986）精致的曲线在玻璃屋顶下映衬出"树叶"的形状。

伦佐·皮亚诺

- **1937** 出生于热那亚
- **1964** 毕业于米兰理工大学
- **1971** 获得蓬皮杜艺术中心竞赛后，于伦敦成立皮亚诺与罗杰斯工作室
- **1977** 开始与结构工程师彼得·雷斯（Peter Rice）合作，开成立了皮亚诺与雷斯设计事务所
- **1981** 建立伦佐·皮亚诺建筑工作坊
- **1991** 搬入他位于热那亚附近的建筑工作坊
- **1998** 获得普利兹克建筑奖

"住宅并不仅仅有居住的功能,同时也代表着精神家园。住所中蕴含着思想,思想都皈依于上帝。"

安藤忠雄

1941—

日本

安藤忠雄(Tadao Ando)设计的住吉的长屋(Row House Sumiyoshi)位于临街的位置,有着高高的开放式屋顶,且将大阪本土的生活情趣恰当地融入其中。室内,两间两层楼的立方体框架构建成一个由底层桥梁作为连接的开放庭院。这座建筑于 1976 年完工,它又一次阐释了日本传统的长屋设计,使忠雄在日本受到广泛关注。

更为宽敞的小筱邸住宅(Koshino House,1981)是安藤在日本众多设计项目中最好的一处。这栋建筑一半被深深埋在斜坡之下,而入口处则高高在上,显得高深莫测。参观者们沿着水泥墙一路下来,到达客厅。屋子的光线来源于玻璃吊顶,这种极为简单的设施却创造出令人难以忘怀的灯光效果,将混凝土溶解成糊墙纸。

安藤将他的房屋描述为西方消费主义进程中的"阻力对抗",并且他试图帮助房屋居住者重新与大自然和日本传统建立联系。虽然他常常被称为"极简主义者",但安藤设计的住宅却融合了各种结构与样式,好似日本传统的"闲庭院落"环绕在被他称为"风景如画的住所"之外。例如,外部的岩石或混凝土表面看起来像枯山水(kare sansui)的形式,用来提升雨水的美感;混凝土模块与榻榻米地垫相映成趣,构成传统日式住宅的室内空间;窗户设计在低处,让居住者在举手投足之间"饱览"窗外的美景。

安藤在建造住宅方面对地质构造的利用同样也运用于一系列小型宗教建筑中,例如大阪的光之教堂(Christian Church of Light,1989)和兵库县的佛教水神庙(Buddhist Water Temple,1991)。教堂位于闹市区,由狭长的矩形构成,通过墙面上透光的"十"字形槽加以装饰变化。这看起来似乎很有构图感,像一种超越文字的描述,这是自勒·柯布西耶拉图雷特修道院(1960)的小礼拜堂之后最有影响力的一件作品。与之形成对比的是圆形的水神庙,入口处是一段精心设计的建筑长廊,顶端是半圆形的莲花池,周围泛着强烈的红光。

安藤被誉为"批判性宗教主义"的先锋,并很快开始承担重大项目。例如,大阪的飞鸟博物馆(Chikatsu Asuka Historical Museum,1994)致力于呈现日本的传统墓地样式;直岛的当代艺术博物馆(Contemporary Art Museum,1992)建筑群使他的设计理念一目了然。然而在国外,安藤的影响力却不及在日本大,较有影响力或许是他设计建造的位于路易斯·康的代表作肯贝尔艺术博物馆对面的沃斯堡现代艺术博物馆(Modern Art Museum of Fort Worth,2002)。尽管备受争议,安藤仍作为 20 世纪末日本最杰出的建筑师而令人难以忘怀。

上图: 安藤忠雄,约 1993 年。

大阪市的住吉的长屋（1976）位于临街的位置，由两排长形的住宅建筑构成，中间由开放的庭院和桥梁作为连接。

下图： 位于兵库县的佛教水神庙（1991）的入口走廊穿过莲花池塘。

底图： 飞鸟博物馆（1994）反映出传统的日本古冢样式。

安藤忠雄

- 1941　出身于大阪港区
- 1960　当了两年的卡车司机和拳击手之后开始当木匠，并逐渐对建筑产生兴趣
- 1962　通过游历，实地考察现代主义建筑作品且自学建筑设计
- 1968　在大阪创立自己的工作室
- 1979　位于大阪市的住吉的长屋（1976）于1979年获得了由日本建筑学院颁发的年度普利兹克建筑奖，同时安藤在日本取得了一定的知名度
- 1992　在西班牙塞维利亚世博会上设计了深受欢迎的日本馆
- 1995　获得普利兹克建筑奖，将10万美元奖金捐赠给前一年发生地震的神户地区灾民

上图： 位于大阪的光之教堂（1989）在设计上强调了"十"字形槽的设计，集中展现了安藤的宗教题材的建筑风格。

左图： 位于芦屋市的小筱邸住宅（1981）被称为安藤几何学空间设计表达的缩影。他采用混凝土材料，成功地表现出光影之间的变幻效果。

"我们必须基于环境进行建筑设计。"

伊东丰雄

1941–

韩　国

在日本消费热潮之初，伊东丰雄（Toyo Ito）开始独立从事建筑设计。他将"空间单纯性"奉为建筑的绝对条件。他设计的位于东京市中野区的白色"U"形住宅（White U house，1976）是一处与外界环境隔绝的封闭空间。随着他自己在中野区的住宅银色小屋（Silver Hut，1984）的建造，他开始充分利用玻璃的透明度，使建筑好似放置在复杂的日本城市上空的薄薄的屏幕。然而，随着仙台传媒中心（Sendai Mediatheque，2000）的落成，一切都改变了。

重新审视路德维希·密斯·凡·德·罗的巴塞罗那馆（Barcelona Pavilion，1929），他将现代主义空间流看作"并非是轻盈的空气流，而是厚重的溶液"。这种"液体空间"对于伊东丰雄来说，就像满载着信息的现代城市空间。他在传媒中心的构思草图中，将现代主义建筑底层架空柱（混凝土支柱）改成了钢管，这样既可以作为结构上的支撑，又可以提供功能上的服务。

伊东丰雄的传媒中心是对勒·柯布西耶自由平面深刻的再诠释，每一层都与众不同。夜晚，釉面似乎消失了，应运而生的是伊东丰雄水族馆式的流动空间设计，其中充满了城市中的凡人常事和数字时代的数据流。

传媒中心包含的有机主义思想鼓励着伊东丰雄探索快速发展的计算机算法领域和相关的宇宙的自然形式。位于伦敦的蛇形画廊馆（Serpentine Gallery Pavilion，2002）是他与工程师塞西尔·巴尔蒙德（Cecil Balmond）共同设计的。这件作品与保罗·克莱（Paul Klee）的理念相同，认为绘画需要"走直线"。只是此处计算机的算法不断扩展，并且将直角旋转以实现通过相互依存的元素而产生的稳定结构。

在位于东京的意大利鞋和手袋奢侈品品牌TOD精品店（TOD boutique，2004）的设计中，伊东丰雄大胆地使用了树的主题形象和结构。这种角度的混凝土形式具有抗震的硬度，"树枝"环绕着"L"形的大楼交错地伸展。这栋建筑超越了开放与墙体、结构与填充的范围，创造出独特的品牌标识，让人在商标与抽象中留有想象的空间。

伊东丰雄将岐阜市殡仪馆（Meiso no Mori Municipal Funeral Hall，2006）弯曲的屋顶构想为一朵浮云飘在天空中。他通过几百个迭代次数，采用演算法进行屋顶结构分析。建筑最终的形式让人回想起埃罗·沙里宁和菲利克斯·坎德拉的作品，但这只是自然形式上的相似而非实质上的效仿。像19世纪末期新艺术先驱者们一样，丰雄是众多在自然界寻找建筑新方式的代表人物之一。

对页： 在仙台传媒中心大楼（2000），伊东丰雄试图唤起人们对立柱的印象，以堆叠的设计感使它们在"液体空间"中摇曳。

上图： 伊东丰雄，2013年。

岐阜市殡仪馆(2006)的屋顶是由计算机生成数据建造而成的,因像飘在天空的浮云而被概念化。

伊东丰雄

出生于首尔

受雇于菊竹清训

在东京开创自己的事务所——"城市机器人"

1920　　1930　　1940 1941　　1950　　1960　　1965　1970 1971　　1980

顶图： 伊东丰雄在位于中野区的白色"U"形住宅的设计中追求"空间单纯性"，此住宅是一处绝对封闭的建筑。

上图： 伊东丰雄的私人住宅银色小屋（1984）仿佛是放置在复杂的日本城市上空的薄薄的屏幕。

获得第八届威尼斯国际建筑双年展金狮终身荣誉奖

《伊东丰雄：自然的力量》（Toyo Ito: Forces of Nature）出版

获得普利兹克建筑奖

1990　　　2000　2002　　　2010　2012　2013

"建筑之美是受其实用性的驱使。"

彼得·祖索尔

1943—

瑞　士

彼得·祖索尔（Peter Zumthor）对材料的构建和富有表现力的品质的热情源于他当木匠学徒的经历，并且随着他对约瑟夫·博伊斯（Joseph Beuys）观念的理解和意大利现代艺术运动概念派艺术（Arte Povera）的发现而强化。他认为，他们的作品似乎是"锁定在关于人类使用材料这一古老的基础知识上"。对于引人注目的形式，祖索尔颇有信心："建筑的基本形式是由……空间构成……并结合了对建筑的敬畏与关注"。

这种理念明显表现在一座瑞士乡村小教堂（Sogn Benedetg Chapel，1989）的设计中，并且这座教堂的里里外外都是木制的。布雷根茨艺术画廊（Bregenz Art Gallery，1997）也是一样，并且这座建筑整个被罩上相似的无框轻薄玻璃面，这种设计方式在祖索尔的代表作中也十分普遍。例如位于瑞士瓦尔斯的温泉浴场（Thermal Baths，1997）——一座在山谷深处的温泉酒店——这座建筑酷似一块巨石，仿佛书中的"天然建筑"一般傲然耸立。更衣室的设计为整体设定了基调：由黑色的皮革窗帘作为遮蔽，它们被镶嵌在高度抛光的红木上。

水流经石子砌成的蜿蜒通道进入水池之中，四周环绕着风车，并且周围还有镂空设计，以及直角空间、热水池、冷水池和香味池。所有的材料似乎十分统一，采用的都是就地取材的片麻岩，层层堆砌；内部是建造的洞穴，旨在容纳所有的感官动态。从结构上看，混合了当地混凝土和承重石的结构，镂空的石块支撑着屋顶，这些不允许触摸的部分充满了透光的缝隙。水沿着地板上相似的缝隙流淌，热水房和冷水房连成一排，分别用粉色和蓝色作为区分。所有的二级元素——门、扶手、引导标识，甚至品尝用的热水杯，以及链条，都是铜质的。为避免所有商业性的豪华装饰，室内呈现出少见的强烈的元素感。

祖索尔不断创新。2007年，当德国梅谢尼希-瓦亨多夫的农民请求他设计一座纪念当地圣人和隐士克劳斯兄弟（Brother Klaus）的小教堂时，他用树干包裹着混凝土，将木材燃至焦灼，将熔化的铅层涂在地表。位于德国科隆的柯伦巴艺术博物馆（Kolumba，2007）的建立，标志着祖索尔完成了所承接的又一次更为庞大且既复杂又简明的设计挑战。他解释道，这是"从内在、艺术及空间"开始，实现了展品与新旧结构之间的相互作用。这座建筑可以与卡洛·斯卡帕位于维罗纳的卡斯特维奇博物馆（1956—1964）相媲美。

对页： 位于德国科隆的柯伦巴艺术博物馆（2007）是将新旧元素精湛地结合到新建筑之中的成熟设计作品。

上图： 彼得·祖索尔，2011年。

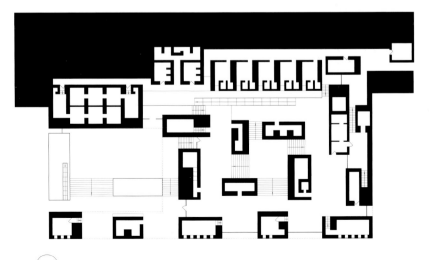

上图： 位于瑞士瓦尔斯的温泉浴场（1997）是由当地岩石砌成的狭长建筑，其中包含许多岩洞元素，并且光线的设计也充满魔幻色彩。

右图： 温泉浴场的平面图看似由"坚实的"石块构成，并且镂空的设计为建筑创造出多样的感官效果。

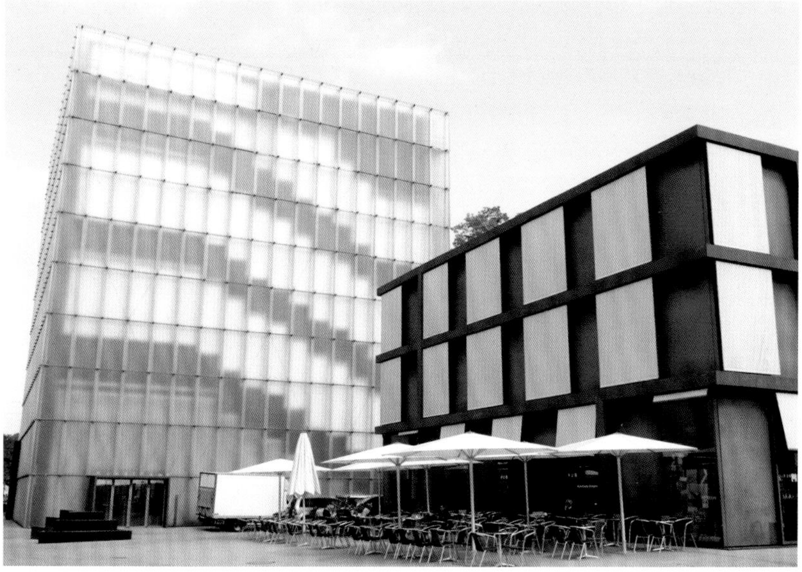

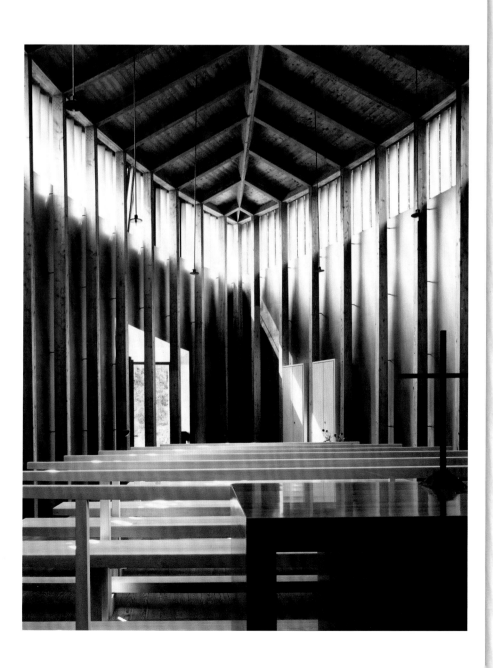

上图：奥地利布雷根茨艺术画廊（1997）完全被覆盖在玻璃之下，创造出一番幻化莫测的景象。

下图：瑞士乡村小教堂（1989）的设计中采用的是木材结构与配件设计，这不禁让人联想起哥特式教堂（Gothic churches）。

彼得·祖索尔

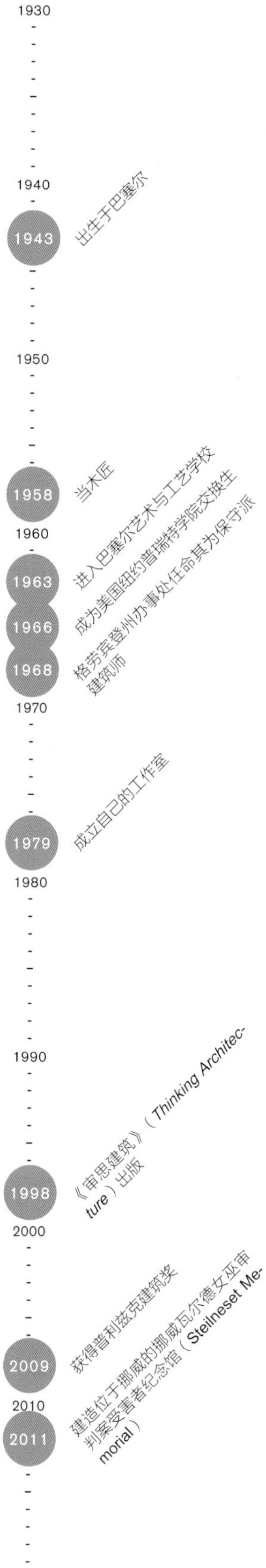

1930
1940
1943 出生于巴塞尔
1950
1958 当木匠
1960
1963 进入巴塞尔艺术与工艺学校
1966 成为美国纽约普瑞特学院交换生
1968 格劳宾登州办事处任命其为保守派建筑师
1970
1979 成立自己的工作室
1980
1990
1998 《审思建筑》（*Thinking Architecture*）出版
2000
2009 获得普利兹克建筑奖
2010
2011 建造位于挪威的挪威瓦尔德女巫审判案受害者纪念馆（Steilneset Memorial）

位于乌得勒支的教育中心（Educatorium，1997）是将内部循环设计作为完整外观设计的典型案例。

"从最开始,逃离建筑的贫民窟便成为最主要的驱动力。"

雷姆·库哈斯

1944—

荷 兰

雷姆·库哈斯(Rem Koolhaas)凭借理论项目成名,特别是《癫狂的纽约》(*Delirious New York*,1972—1976,出版于1978年)。他批判现代城市的思想,却对电影极度迷恋。这是一种典型的现代性的表现,因此,他在设计中采用隐喻的方式使用了帧、屏幕、"剪辑片段"等手法,并结合了电子投影。

20世纪80年代,库哈斯对城市建筑群的理念已经发展成一个悬浮在空间之上的透明的框架。1989年,他的这种思想在两个项目上得以实现:位于巴黎的法国国家图书馆[Très Grande Bibliothèque,又名"巨大图书馆"(Very Big Library)]和位于卡尔斯鲁厄的艺术和科技交流中心。这两处设计很大程度上归功于勒·柯布西耶的后期工作计划中的自由平面布局。同时,勒·柯布西耶式的设计对库哈斯的影响也表现在将斜坡式的建筑长廊发展为连续性的公共区域。比如,鹿特丹艺术厅(Kunsthal,1992)、乌得勒支教育中心(1997)及后来的许多建筑。

面对艺术厅所处的复杂位置,库哈斯用玻璃墙将人行通道分成外围通道和室内走廊。第二段室内走廊朝着相反的方向一路延伸,并最终形成阶梯式礼堂。从外观上看,设计暗含了现代主义元素,有一系列具有分隔效果的(有影响力的)表面材料——玻璃通道、彩色混凝土、异形聚碳酸酯薄膜,以及看似廉价的石块贴片组成。然而这些并不重要,库哈斯看重的是建筑在应用过程中的表现,而不是安静地思考过时的审美价值。

在波尔多半山腰上的一处私人别墅(1998)中,库哈斯创造了具有争议的20世纪末期最伟大的住宅。垂直分层的结构令人回想起古典别墅的对比层设计。该建筑的三个层面是由大型流体移动空间构成,为坐在轮椅上的主人提供了方便。最底层是"人工洞穴",有着自然侵蚀的痕迹。建筑设计反映出主人中等的生活水平。由于工程师塞西尔·巴尔蒙德巧妙的结构设计,使得建筑上层舷窗设计的混凝土睡眠舱好像漂浮在空中一样。

在库哈斯的许多近期设计中,或许位于波尔图的音乐之家(Casa da Música)最能表现他对当下设计潮流的挑衅。这座建筑并非借此给老广场划定边界,而是像一个巨大的冰川漂浮物一样屹立在广场之上。它取代了传统的休息室,为人们提供了风景如画的楼梯、平台和长廊。礼堂的设计没有采用复杂的几何图形,而是回归于经典的"鞋盒子"比例,同时带有各式各样的纹理:大型观众席用简单的胶合板作为贴面,胶合板上有金色的压花纹理,且规模和基调都十分夸张;末端采用玻璃面装饰,以便从室内眺望外面的城市——它好像被小礼堂忽略了一般。

上图:雷姆·库哈斯,2006年。

右图： 鹿特丹艺术厅（1992）内有贯穿大楼的连续性通道。

最右图： 西雅图公共图书馆（Seattle Public Library，2004）用玻璃的墙面大胆地展现室内不同的功能区域。它唤起了人们对图书馆在数字媒体时代定位的积极反思。

左图： 库哈斯在波尔多别墅（1998）中设计了一个巧妙的平衡结构。

下图： 波尔多别墅的平面设计穿插着开放与封闭的空间，而它们之间则通过坐轮椅的主人的电梯进行连接。

雷姆·库哈斯

- 1930
- 1940
- **1944** 出生于鹿特丹
- 1950
- 1960
- 1970
- **1975** 成立大都市建筑事务所（OMA）
- **1978** 《癫狂的纽约》出版
- 1980
- 1990
- **1994** 与布鲁斯·毛（Bruce Mau）合著的《S,M,L,XL》出版
- **1995** 被哈佛大学任命为教授
- **2000** 获得普利兹克建筑奖
- **2009** 完成位于北京的中央电视台（CCTV）总部大楼设计
- 2010

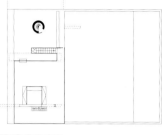

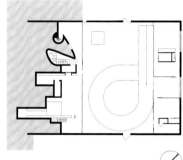

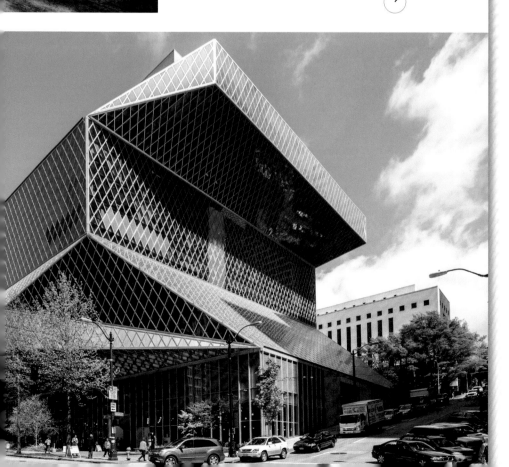

柏林犹太人博物馆(Jewish Museum, 1998)折叠曲折的设计中包含着断断续续

"讲述历史，而非拙劣效仿，才能真正建造有意义的建筑。"

丹尼尔·里伯斯金

1946—

波兰

丹尼尔·里伯斯金（Daniel Libeskind）的声名源于他建造的20世纪90年代最受欢迎的建筑——柏林犹太人博物馆（1998）。在这之前，他已经是一位有广泛影响力的设计师、理论家。最初他使用了一种复杂而封闭的手法表现交织的线条，并且从中演绎出倾斜、断裂和立面形式等建筑手法。这都轻易被贴上"解构主义"的标签，这一术语源于哲学流派的"解构"和俄罗斯的"建构主义"。两者结合起来，用以描述类似彼得·艾森曼、弗兰克·盖里、扎哈·哈迪德等人标新立异的作品。

这座犹太人博物馆的建造源于丹尼尔·里伯斯金设计的"城市边缘"项目（City Edge project，1987）。在这个项目中，他设想了一种新的结构将柏林墙和现有的城市纹理切断。博物馆的锯齿形设计同样切入城市的规划，打破了周围一切的稳定。该项目位于林登街，严格地说，博物馆的"犹太人分馆"原是一座律师官员楼。博物馆的建筑设计已融入了一系列城市本身的"记忆"痕迹，其他则是里伯斯金基于自身阅历的创造性发挥，将德国和犹太历史联系起来，例如阿诺尔德·勋伯格（Arnold Schoenberg）的音乐、瓦尔特·本雅明（Walter Benjamin）的著作，以及在集中营中被屠杀的犹太人的记载。

里伯斯金将两处整体复杂的图形，以及从"非理性的矩阵"中产生的"斜线"光线的创作描述为：根据柏林市内的犹太文化数据地图设计而来，并且用线条将它们连接起来构成三角形。而这些反过来合成了扭曲的大卫之星（Star of David）。

博物馆的拓展建设项目从现有的场馆和纵横交错的地下工程开始，随后便可开始自主建设。为了表现无形和杀戮，里伯斯金设计出笔直而又断断续续的留白区域穿插在迂回曲折的博物馆空间之中。多个体系的存在是为了突出建筑的单一材料——锌，然后再将其展开。

虽然他的建造方法与形式主义的彼得·艾森曼等人的策略相似，但里伯斯金的犹太博物馆中设计了复杂的建筑隐喻，暗指在西方文化中的大屠杀。自此之后，他承建了许多重要的国际项目，在奥斯纳布吕克（1998）、哥本哈根（2003）、旧金山（2008）完成了许多大屠杀纪念建筑的相关工程。于是顿然发觉，他在柏林的开创性成就的真实性，以及他表达历史的决心牢牢植根于城市的周遭与犹太人的经历。然而在伦敦城市大学的毕业中心（Graduate Centre，2004）、丹佛博物馆拓展区域（2006）、多伦多博物馆拓展区域（2007），以及伯尔尼西部购物和休闲中心（Westside Shopping and Leisure Centre，2008）采用的类似的建筑语言形式则大大降低了其特定的历史文化价值。

上图： 丹尼尔·里伯斯金，2012年。

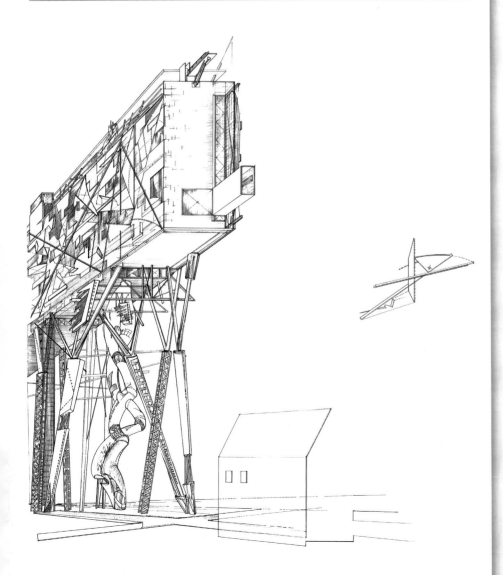

丹尼尔·里伯斯金

- **1946** 出生于波兰罗兹
- **1953** 作为儿童手风琴师登上波兰电视台
- **1965** 成为美国公民
- **1968** 在纽约受雇于理查德·迈耶
- **1989** 凭借犹太人博物馆赢得比赛后，在柏林成立自己的工作室
- **2003** 担任世贸中心重建工作组的首席设计师后，将工作室搬迁至纽约
- **2012** 在米兰成立利伯斯金设计工作室，该公司专注于产品设计

对页上图： 犹太人博物馆内最令人印象深刻的是陈列装置前的复杂的空间设计。

对页下图： 里伯斯金于1987年的竞赛项目"城市边缘"中设想了一个新的结构，将柏林墙和现有的城市纹理切断。

下图： 在多伦多皇家安大略博物馆（Royal Ontario Museum, 2007）的扩建设计中，里伯斯金采用了类似于柏林犹太人博物馆完美的建筑表现形式。

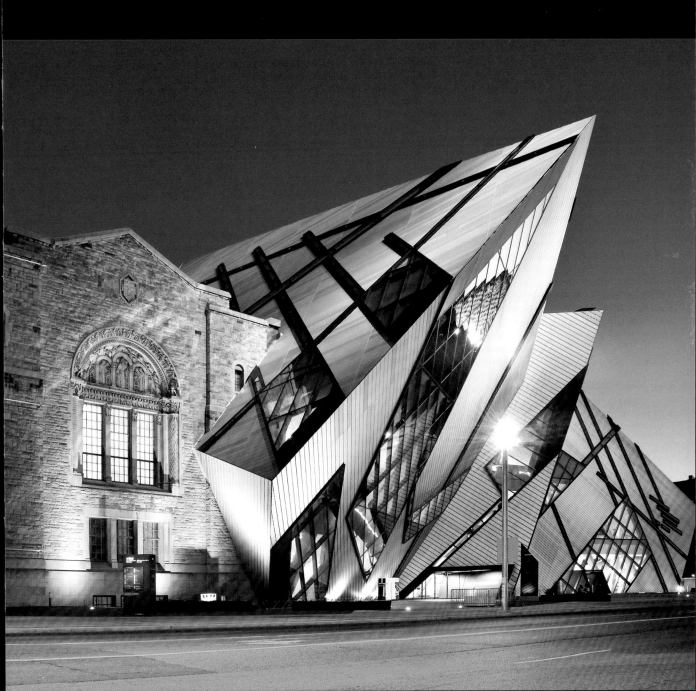

"对于开放建筑结构的感知问题，我们必须停止怀疑，释放理性的思想，单纯地享受和探索。"

斯蒂文·霍尔

1947–

美 国

现象学——欧洲大陆哲学的一个组成部分，旨在从个体存在的经验中了解世界，自20世纪70年代以来被广泛用于建筑的关键构架，近来成为促进项目进展的方法。这种建筑采用明显的"真实"材料，通过建造、风化、染色，强调居住空间和几何空间之间的区别，意在寻求触手可及的氛围。

可以说，没有哪个建筑师在倡导价值观方面比斯蒂文·霍尔（Steven Holl）更健谈。他认同哲学家莫里斯·梅洛-庞蒂（Maurice Merleau-Ponty）的观点，认为我们只有通过看和触摸与自身有关联的事物才可获得对自身的了解。例如，在达拉斯附近的斯特列多住宅（Stretto House，1992），霍尔开创了用轻质金属材料重叠堆砌出"大坝"式的屋顶空间的做法：他试图通过重叠地板、屋顶立面、将光线从天窗引向拱形墙面等方法设计出看似明显的"液体"流动效果，并且使用特殊材料——浇灌混凝土、玻璃，以及有着抛光石屑的水磨石地面保存其液体的状态。

位于西雅图的圣依纳爵教堂（Chapel of St Ignatius，1997）有着相似的风格。霍尔开始用水彩画勾勒出的"七盏石头盒子内的明灯"暗喻圣依纳爵（St Ignatius）内心的看法，认为精神生活的特点是"光芒"和"黑暗"的较量。"瓶子"对应罗马天主教崇拜的各种元素，并且这些被写入六部离散的卷宗。整个空间的光线设计各有不同，霍尔还在脑海中构思了出入口处皆然有序的倒影池。

简单的平面设计掩饰着空间的复杂性，霍尔通过改变隐藏在顶灯之上的彩色玻璃镜片和大块的透明玻璃来改变立柱的颜色。当光线进入室内时会改变颜色，被彩色玻璃片反射后在挡板处戛然而止，极具戏剧效果。例如，橙色的光线射入玻璃镜片呈现出紫色。再辅助以其他的感官效果，如手动的门、蜿蜒的曲线、特意设计的门把、粗糙的灰泥、压铸玻璃的木雕和金箔等设计营造出罕见的充实的室内空间。

赫尔辛基的奇亚斯玛[当代艺术博物馆（Museum of Contemporary Art），1998]是较为大型的设计项目，霍尔频繁地使用蜿蜒的坡道和楼梯空间来提升运动体验。从布洛赫大楼（Bloch Building）的主底层空间到堪萨斯城的纳尔逊-阿特金斯艺术博物馆（Nelson-Atkins Museum of Art，2005），访客可以体验穿越不同楼层的长廊，并且途中穿插一系列由五个矩形玻璃立柱构成的景观。这些"晶体"顶灯是由特制的超白玻璃板构成，不同于普通玻璃的绿色色调，与景观形成鲜明对比的是它们有着水晶般透明的材质。

对页： 西雅图的圣依纳爵教堂（1997）内设有一系列"瓶中灯"。这座教堂用不同颜色的灯光来组织各种礼拜仪式。

上图： 斯蒂文·霍尔。

对页上图： 从布洛赫大楼的主底层空间到堪萨斯城的纳尔逊-阿特金斯艺术博物馆（2005），其表面仿佛是一系列生长着的玻璃"晶体"。

下图： 霍尔在达拉斯附近的斯特列多住宅（1992）中试图寻找显而易见的"液态"流体空间，并且他用混凝土和玻璃面设计固化了这种液体的状态，强化了他的理念。

底图： 麻省理工大学西蒙斯楼（Simmons Hall, 2002）外观高密度的开敞网格设计，暗示了楼内有充足的光线和宽敞的空间。

斯蒂文·霍尔

- 1930
- 1940
- **1947** 出生于华盛顿州布雷默顿
- 1950
- 1960
- 1970
- **1976** 在纽约设立了斯蒂文·霍尔事务所
- 1980
- **1989** 成为纽约哥伦比亚大学终身教授
- 1990
- **1991** 在明尼阿波里斯市的沃克艺术中心举办个人展览
- **1998** 获得阿尔瓦·阿尔托奖
- **2000** 《视差》（Parallax）出版
- **2001** 《时代周刊》（Time）称赞他为"美国最佳建筑师"
- 2010

"我深信对于未来的想法。"

扎哈·哈迪德

1950 –

伊拉克

1983年，在扎哈·哈迪德（Zaha Hadid）获得在香港举行的国际建筑竞赛大奖之前，她与雷姆·库哈斯同在大都会建筑事务所（OMA）工作。她使用的轴测投影十分引人注目，这种设计是将脱离重力的木梁和空间进行分层。从形式上看，哈迪德的理念源于早期的现代主义，尤其是卡济米尔·马列维奇（Kasimir Malevich）至上主义的画作。然而它对建筑界的影响仿佛地质变动一般，自下而上。

她在香港的项目震惊世人，却被视为无法实现的设计。然而在工程师彼得·雷斯的帮助下，哈迪德证明了它的可行性，但最终只能放弃建造。她的首个机会（1990）来自于维特拉家具公司位于德国莱茵河畔魏尔镇的一座消防站（Vitra fire station，1993）的建造任务。在香港建筑竞赛上，哈迪德意识到陶瓷碎片设计和木梁设计只能让少数人感到震撼，而当地人对她的敬仰源于她设计的与园艺展览馆（Landesgartenschau）相邻的展览大厦LF1（1999）。这种设计反映了哈迪德日渐增长的对景观的重视，而非支离破碎且生硬刻板的设计：空间开始像江河一样流动，缓缓地流进和流出这片土地，而不是粗暴地从土地淌过或是将其破坏。

这种新的建筑语言为她后续的作品奠定了基调。随着这种设计的发展而产生的参数设计软件可以根据设计师给出的具体参数，计算出复杂的三维外观。数字存储使得各种特性之间的关系可以不断演化、再生。

哈迪德的合作伙伴帕特里克·舒马赫（Patrik Schumacher）在她最后阶段的设计中扮演了至关重要的角色，并且这种设计让她收获了来自世界各地的源源不断的酬劳（截止于2013年，有来自44个国家的950个项目），从规模虽小但却引人注目的茵斯布鲁克滑雪跳台（Bergisel Ski Jump，2002）到主要的公共建筑林林总总，如位于沃尔夫斯堡的费诺科学中心（Phaeno Science Centre，2005）、罗马国立当代艺术中心（National Museum of the 21st Century Arts，2009）内的曲线空间"领域"，以及伦敦奥运会和残奥会水上运动中心（Aquatic Centre for the London Olympic and Paralympic Games，2012）。此外，哈迪德同样涉足家具和时尚设计，并以此作为探索的渠道，但只有一些项目最终投入了生产，如意大利B&B公司的月亮沙发（Moon System Sofa，2007），以及为时尚品牌鳄鱼（Lacoste，2009）做的时尚引领。

对于哈迪德的崇拜者来说，她晚期的流体形式设计，例如位于巴库的盖达尔·阿利耶夫文化中心（Heydar Aliyev Cultural Center，2012），以及应用在2007年阿布扎比表演中心，由计算机生成的极端"有机主义"理念，都代表着新世界的领军力量。对于批评她的人来说，他们似乎担心全球经济热潮中过度炒作的参数化技术产品，而这些产品也是国家和机构在大肆竞争的创新设备。

对页：位于罗马的国立当代艺术中心（2009）的中部由巨大的弧形循环空间和走廊构成。

上图：扎哈·哈迪德，2012年。

扎哈·哈迪德

- 1950 出生于巴格达
- 1972 移居伦敦,于建筑协会学院学习
- 1977 与雷姆·库哈斯共事,成为大都会建筑事务所的合伙人
- 1980 创立自己的事务所
- 1983 赢得香港国际建筑竞赛
- 1988 于纽约当代艺术博物馆举办解构主义建筑展
- 2004 获得普利兹克建筑奖

左图： 位于巴库的盖达尔·阿利耶夫文化中心（2012）是使用最新的"参数"软件设计而成的。

下图： 维特拉家具公司位于德国莱茵河畔魏尔镇的消防站（1993）是哈迪德设计并建成的首个悬浮、展翅立面作品，它是哈迪德早期的代表作。

对页： 哈迪德凭借在香港国际建筑竞赛项目上这幅光彩夺目的作品（1983）获得了国际上的关注。

上图： 位于德国沃尔夫斯堡的费诺科学中心（2005）更加强调"有机"和曲线，这也暗示了哈迪德当前作品的主要形式语言。

上图： 位于德国慕尼黑的戈茨画廊（Goetz Gallery, 1992）外观上的水晶方格映衬着周围茂密的树林和不断变幻的阳光。

对页： 2012年，雅克·赫尔佐格（Jacques Herzog）和皮埃尔·德·梅隆（Pierre de Meuron）在伦敦蛇纹画廊前的空地上。

"我们在寻找的材料如同日本樱花绽放一样美丽绚烂，或如同阿尔卑斯山岩石一般严实紧凑，或如同浩瀚海面一般神秘莫测。"

赫尔佐格和德·梅隆

1950—，1950—

瑞士

在1993年的一次访谈中，雅克·赫尔佐格和皮埃尔·德·梅隆提到，他们都对材料的无限表现力深深地着迷，并且都在不断探寻。在设计中，他们将"材料应当最大限度地发挥功能、作用，而并非单单当作一种材料"。在巴塞尔附近的博特明根（Bottmingen）住宅设计中，他们采用胶合板拼接出无缝隙的外观，并且将内部转化为"共振箱"。1987年，他们为利口乐（Ricola）在瑞士劳芬建造的库房是他们树立国际名声的一个关键性项目。这栋建筑采用了常用却被诟病的工业材料纤维水泥板，经过精心设计而成，在设计上减少了建筑从顶部到底部的高度，并给建筑加上悬臂和"檐口"。其中，面板是为了纪念该地区的堆木场和该建筑所在的采石场。

在位于慕尼黑的戈茨画廊（1992）的设计中，由桦木胶合板构成的主体在两层玻璃板之间展开。空间结构完全是直白而详尽的极简主义风格——画廊内的木质楼梯被实木条纹地板和白色涂漆的石膏取代。"白盒子"持续的光照使得内外形成鲜明的对比，无框玻璃天窗反射出周围生机勃勃的树木，使其与周围的环境"融为一体"。

赫尔佐格和德·梅隆对新材料和面板处理方法的探索丝毫不曾懈怠。他们在法国米卢斯为利口乐设计的第二栋建筑用印刷技术营造的绿叶图像，是从卡尔·布洛斯菲尔特（Karl Blossfeldt）的一张摄影照片中选取的图形。而埃贝尔斯瓦尔德技术学院的整栋图书馆大楼（1999）满是来自杂志图片的"文身"。他们设计的多米尼斯酿酒厂（Dominus Winery，1998）位于强烈阳光照耀下的加州纳帕谷。这栋建筑用石块堆砌而成，阳光透过斑驳的石墙缝隙照进室内。

为了应对伦敦更加强大的大气光，伦敦拉邦舞蹈中心（Laban Dance Centre，2003）有着深深的分层表面。淡色的聚碳酸酯薄膜覆盖在双层玻璃釉面上，让人能清晰地看见室内的活动及夜晚窗外迷人的光线。位于慕尼黑的安联球场（The Allianz Arena，2005）同样是一个由钻石形的ETFE片组成的"受照体"，且每一片都能在白色、红色或浅蓝色的光照下，根据正在使用的舞厅进行变换。这是一处引人注目的风景，受到许多到访者的追捧。

一些批评者总是试图将赫尔佐格和德·梅隆看作是外观透视绘画法的设计师。然而，随着大型复杂项目的实施，他们的空间设计能力有目共睹，例如拉邦舞蹈中心、香港的M+大楼（2013—）等大型设计项目也不断涌现出来。

赫尔佐格和德·梅隆

雅克·赫尔佐格和皮埃尔·德·梅隆出生于巴塞尔

1900　　　1910　　　1920　　　1930　　　1940　　　1950　　　1960

左图： 位于德国慕尼黑的安联球场（2005）是一个巨大的"受照体"，它的颜色可以根据主场球队的颜色而改变。

对页下图： 利口乐制造厂（Ricola Production）的主立面和位于法国米卢斯的库房（Storage Building，1993）的外观是不断重复的绿叶形状。

下图： 伦敦拉邦舞蹈中心（2003）是由层层玻璃构成的，并贴有彩色聚碳酸酯薄膜，使得室内的动态依稀可见。

在巴塞尔开设赫尔佐格和德·梅隆工作室

担任哈佛大学设计研究院的客座教授

获得普利兹克建筑奖

在位于蒙特利尔的加拿大建筑中心举办"心灵考古"（Archaeology of the Mind）展

与中国艺术家艾未未（Ai Weiwei）完成北京奥林匹克体育场（Olympic Stadium）的设计建造

1970　1978　1980　　1990　　1994　　2000　2001　2002　2008　2010

"我试图靠近建筑和雕塑之间的边界，并且从艺术的视角理解建筑。"

圣地亚哥·卡拉特拉瓦

1951—

西班牙

圣地亚哥·卡拉特拉瓦（Santiago Calatrava）是享誉世界的建筑师、结构工程师和雕塑家，他的设计结合了视觉上的艺术效果。1987年他承担设计的阿拉米罗大桥（Alamillo Bridge）是他众多的项目之一，给他带来了巨大的突破。这座大桥是为1992年塞维利亚世博会的主要岛屿铺路。在这个项目上，卡拉特拉瓦设计出一种新形式的不对称斜拉索结构，而用以承载重量和维持平衡的是一座142米（466英尺）的夸张的长长的倾斜塔桥。这种戏剧性的竖琴形状的铁索有着巨大的影响力，将大桥变为增添城市风景的雕塑。

紧接着，其他一系列大桥也相继建成，最早在西班牙梅里达（1988—1991）和毕尔巴鄂（1990—1997），随后遍布各地。布宜诺斯艾利斯的女郎桥（Puente de la Mujer,1998—2001）既结合了斜拉桥的特征，又可以打开90度让大船通过。1999年，卡拉特拉瓦受命设计历史上第四座横跨威尼斯大运河的桥梁（2008）。他选择了一种传统的拱形桁架形式，而设计的现代性体现在玻璃台阶面，但这对行动不便的人十分不方便。这也造成2008年在这座大桥开通前来自各界的争论。

卡拉特拉瓦是一位热衷于生物形式的学生，但他对自然的兴趣不仅局限于"工程本质"的模型，而在于对夸张的生物形式的热爱。从名称上便可以得知，位于瑞典马尔摩的扭转大厦（Turning Torso apartment tower, 1999—2005）是一栋扭曲的圆柱形大楼。而里昂的机场火车站（Airport Railway Station, 1989—1994）则形似一只展翅的鸟，给人一种钢筋骨架的印象。

卡拉特拉瓦工程学专业的博士论文为《论框架的可折叠性》（On the Foldability of Frames）。在早期的职业生涯中，他曾尝试将移动组件设计成建筑中不可分割的部分。科埃斯费尔德（Coesfeld, 1985）的恩斯汀库房（Ernstings Warehouse, 1985）由铰链板条构成，打开时则会优雅地转变成雅致的弯曲树冠。20世纪90年代初期，他开始尝试设计大规模的活动元素。在塞维利亚世博会上的科威特馆（Kuwait Pavilion），他引进了分段的屋顶，可以通过分离和重组来创建不同形状和灯光效果。除此之外，他在密尔沃基艺术博物馆（Milwaukee Museum of Art, 1994—2001）创造了一个巨大的百叶窗，仿佛鸟儿振动着翅膀。

卡拉特拉瓦曾经名噪一时，期间市领导委派他设计一些吸引眼球的建筑和交通基础设施作为城市新建设、旅游和贸易的地标。他的项目既精致又有力量，但批评者们却认为他过分追求外观形式而牺牲了建筑的严谨性。

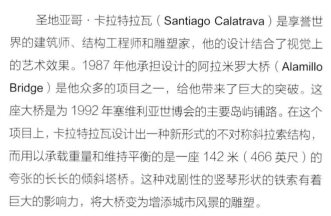

对页： 从名称上便可以得知，瑞典马尔摩的扭转大厦（1999—2005）是一栋扭转的圆柱形大楼。

上图： 圣地亚哥·卡拉特拉瓦，1995年。

圣地亚哥·卡拉特拉瓦

- 1940
- 1951 出生于巴伦西亚的贝尼马米特
- 1968 被巴伦西亚的马德里大学建筑学院录取
- 1975 迁居苏黎世，在ETH（苏黎世联邦工学院）学习土木工程
- 在比赛中胜出，为巴塞罗那奥运会设计场馆，开建造巴塞罗那巴克·德·罗达大桥（Bac de Roda Bridge）
- 1984 在苏黎世的詹米拉·韦伯美术馆（Jamileh Weber Gallery）展出9件雕塑
- 1985
- 1993 主题为"结构和表达"的个人作品展在纽约现代艺术博物馆馆举办
- 2000
- 2005 当选《时代周刊》"100位最有影响力的人物"
- 2010

左图： 卡拉特拉设计的优雅的拱桥（2008）横跨威尼斯大运河。这座拱桥由玻璃台阶构成，但这对行动不便的人群来说却十分不便。

对页下图： 卡拉特拉设计的密尔沃基艺术博物馆（1994—2001）的百叶窗像振动翅膀的鸟儿一样向博物馆外延伸。

下图： 位于塞利维亚的阿拉米罗大桥非常引人注目。其不对称的拉索式结构为卡拉特拉赢得了盛名。

"我一直认为现代主义运动是古典主义风格的延续。"

艾德瓦尔多·苏托·德·莫拉

1952—

葡萄牙

1980年，当艾德瓦尔多·苏托·德·莫拉（Eduardo Souto de Moura）凭借波尔图的艺术文化中心（Casa das Artes）获得建筑比赛的奖项后，便独立开创了自己的建筑事务所，而在此之前他一直受雇于阿尔瓦罗·西扎。他的设计种类似乎多样得令人眼花缭乱：阿尔加维的纯白度假屋（1984）、米拉玛的加亚新城（Villa Nova de Gaia，1991）、布拉加的博姆·耶稣住宅（Bom Jesus House，1994）和位于Moldeho do Minho的一座住宅，都结合了本土建筑的铰接屋顶设计，这使人们想起勒·柯布西耶的作品。后面的这三个作品都展示了他面对不同地形的建筑设计技巧。他所钟爱的平面构图设计和他强烈的材料感知力都深受路德维希·密斯·凡·德·罗作品的影响。

在南部的一些设计项目中，苏托·德·莫拉特别想寻找与他设计形式相关的地中海特色的白色建筑。这集中表现在他设计的位于葡萄牙南端的塞拉-阿拉比达住宅（Sierra da Arrábida，2002）。该建筑的构成有着罗马皇帝尼禄（Nero）金色宫殿（金色房屋）的痕迹。窗户大小适中，且恰当地放置在正对着窗外风景的位置。

苏托·德·莫拉对建筑、材料和地势十分得心应手，他的设计技巧被不断复制到更多更大的项目中。在位于波尔图的布尔古办公大楼（Burgo Office Building，1990—2007）的设计建造中，他说服结构工程师打破常规做法，让大塔楼的正面承担结构上的作用，这样也就消除了对这栋大楼的表面过于主观的决断。位于卡斯凯斯的保拉瑞金博物馆（Paula Rego Museum，2008）有着深红大地色木纹的混凝土立面，巧妙地点缀在树林和草丛之间。

对于像苏托·德·莫拉一样，建筑设计工作是以地形学为基础的建筑师来说，足球场的设计无疑是非同一般的挑战。然而布拉加市立体育场（2004）是他迄今为止最为出彩的成就。灵感来源于古老的建造技术：将岩石雕刻成台阶，印加人砌成的桥梁和排水系统，这些都是他在访问秘鲁时的所见所闻。当他参观埃皮达鲁斯的古希腊戏院时，他发现所见的与书本上的印象却是相反的，这种结构营造了一种严实的区域空间，并且同时将遥远的山脉和风景纳入视线可及的范围。

罗马人把对建筑形式的修改编写成了书，布拉加市立体育场的看台面对面排放，看台都被天幕覆盖且由钢缆连着。体育场的一端是敞开的，面向外面的风景。另一端是用卡斯特罗山的花岗岩铸造的立面，而混凝土槽神奇地从这里穿过，在降雨时收集屋顶滴落的雨水。从这一角度看，建筑就像是山脉地形的一部分，而看台数量的减少实现了观众由"俱乐部"粉丝到足球"鉴赏家"的转变。

上图： 艾德瓦尔多·苏托·德·莫拉，2011年。

艾德瓦尔多·苏托·德·莫拉

- **1952** 出生于葡萄牙波尔图
- **1974** 开始担任阿尔瓦罗·西扎的助理,时间长达5年
- **1980** 毕业于波尔图大学建筑学院,并创设自己的事务所
- **1981** 担任波尔图大学助理教授,之后担任全职教授
- **1989**
- **2011** 开始长达8年的项目,修缮位于博鲁的圣母玛利亚修道院

上图: 与常规设计截然不同,位于波尔图的布尔古办公大楼(1990—2007)的"表皮"是整个结构的一部分。

对页上图: 位于卡斯凯斯的保拉瑞金博物馆(2008)有着深红大地色的板纹的混凝土立面。

右图: 位于迈亚的住宅(2010)展现了苏托·德·莫拉在所有作品中一以贯之的清晰几何结构,以及他谨慎使用自然材料的作风。

"许多项目的最终形式看起来像是设计编织地毯一般错综复杂。"

恩里克·米拉列斯

1955—2000

西班牙

1983年，恩里克·米拉列斯（Enric Miralles）通过巴塞罗那车站的设计为桑茨广场做出了重大的贡献。1984年，他与第一任妻子卡莫·皮诺斯（Carme Pinos）共同创立了属于自己的建筑事务所。他们开发了一种含义丰富的线条语言和角度立面，并应用在了奥斯塔雷特斯市政大厅（Civic Centre，1992）的设计上。从楼梯的一端逐渐减少"梁柱"的空间，由高层结构梁搭建框架，并由不同角度的直棂窗作为支柱。这种深度结构的框架使得三角形的主厅被设计在小型娱乐室下方，并且市政大厅的屋顶设计成了通往户外的露台。

20世纪80年代，像奥斯塔雷特斯市政大厅这般使用动态化图形设计的项目十普遍。但能使空间和结构系统如此巧妙而优雅地结合起来的理念，或是选在有挑战性的位置的项目却十分少见。为1992年巴塞罗那奥运会建设的位于瓦尔德希伯伦的射击设施练习馆（Practice Pavilion of the Archery Facilities）将这一设计推向了顶峰。由于采用倾斜钢管和薄膜材料，使得混凝土倾斜屋顶仿佛在风中"颤动"。

恰当地说，伊瓜拉达墓园（Igualada Cemetery，1985—1992）更像是土木工程的项目。起伏的有角度的墙面营造出一个新的地势，构成了一段由混凝土建造的通往地下棺木的通道。向外倾斜的混凝土墙面、弯曲的檐口都强调了对向下通道的控制。这段通道由碎石墙围住，形成椭圆形，仿佛古老的墓地一般。这座墓园有着贡纳·阿斯普朗德和西格德·劳伦兹设计的林地火葬场（Woodland Crematorium，1915—）的痕迹，并且访客是被抬升到一个抽象的十字架前。路上零星地种有一些树木和随意放置的铁路枕木，像木条一路漂流而下，只为唤起"一条灵魂的河流"。

1991年，米拉列斯与皮诺斯离婚，两年之后他便与贝内黛塔·塔利亚布（Benedetta Talgiabue）结婚。随后，他开始了各种重大的项目直至去世。其中最主要的是位于爱丁堡的苏格兰议会大厦（Scottish Parliament，2004）。米拉列斯跨出他所熟知的文化环境，从他在苏格兰周边游历时的经验中寻找灵感：翘起的船身、龙骨、马头墙和深深的窗户，以及由多种不同石头堆砌而成的枪形图案。这在伊瓜拉达也可以看到相似的设计。这里，铺天盖地的"人体工程学"飘窗设计，映衬出办公室文员的坐姿，从而形成了大量的装饰设计。但这样的设计强行放置在室内，则造成了整体不安的感觉，因为眼前的屋顶结构似乎面临崩溃的危险。米拉列斯在苏格兰议会大厦的设计中有很多想法，但不幸的是他英年早逝。我们只能想象他满腹的才华能换来怎样的成就。

上图： 恩里克·米拉列斯，大约拍摄于1997年。

连接着建筑的各个区域的大厅是爱丁堡的苏格兰议会大厦(2004)的核心区域。不同大小的树叶形顶灯和穿透曲线屋顶的立面,使自然光倾泻而下。

恩里克·米拉列斯

对页上图： 巴塞罗那附近的伊瓜拉达墓园（1985—1992）以混凝土作为框架，并且建筑内放置着棺木。

左图： 位于瓦尔德希伯伦的巴塞罗那奥运会射击设施练习馆（1992）的屋顶仿佛在风中颤动。

上图： 奥斯塔雷特斯市政大厅（1992）动态的线条、有角度的立面和浅浅的曲线都体现了典型的米拉列斯早期作品风格。

右图： 奥斯塔雷特斯市政大厅的主要空间设计在分层屋顶露台下方。

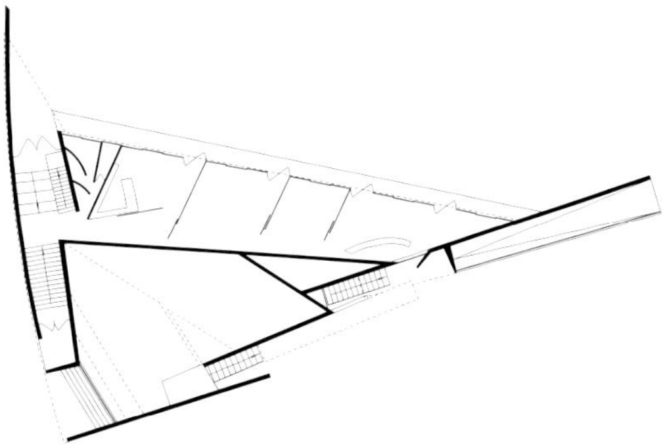

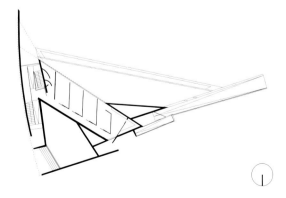

- 1940
- 1950
- **1955** 出生于巴塞罗那
- 1960
- **1973** 开始在艾伯特·维阿普拉纳（Albert Viaplana）和赫利·皮诺松（Helio Piñón）的事务所工作；同时就读于位于巴塞罗那的加泰罗尼亚理工大学建筑学系
- 1970
- 1980
- **1984** 与第一任妻子卡莫·皮诺斯设立建筑事务所
- **1985** 担任位于巴塞罗那的加泰罗尼亚理工大学建筑学系教授
- 1990
- **1991** 与皮诺斯离婚，并关闭事务所
- **1993** 与第二任妻子贝内蒙塔·塔利亚布创立 EMBT 建筑公司
- **2000** 于巴塞罗那去世
- 2010

早期的窗帘住宅（东京，1995），用住宅名称中的"窗帘"墙构建露台。

"创新的结构呈现出的有机形式是来自于结构主义思想和大自然。"

坂茂

1957-

日本

1986年,坂茂(Shigeru Ban)凭借联合国应急避难所的设计在国际上崭露头角,这栋大楼是用回收的纸板管作为建筑材料的,这是他当年的实验结果。他还在印度、神户(日本)、土耳其和卢旺达等地建设房屋,还有一些临时性的建筑——在新西兰,经历一场毁灭性的地震之后,他甚至建造了一座纸筒教堂(2013)。

坂茂完成的建筑项目包括汉诺威世界博览会的日本馆(Japanese Pavilion,2000,与弗雷·奥托合作)、法国瑞莫琳的临时性的纸桥(Paper Bridge,2007),以及使人们想起被誉为现代建筑"英雄"先驱的钢筋混凝土结构的香港-深圳联合双年展展馆(Hong Kong-Shenzhen Bi-City Biennale Pavilion,2009)。令人印象深刻的并非坂茂的作品规模,而是他对细节的创造性和亲力亲为的精神,以及不断追寻可持续建筑方式的态度。他可替代的结构是用条形板层"编成辫子",或者是用竹子进行"编织",这与日本的传统工艺相适应。然而,结构创新只是他作品的一部分,其余部分的灵感来自于在美国受到的现代主义风格教育。

坂茂对早期现代建筑的空间秩序十分迷恋。东京的窗帘住宅(Curtain House,1995)是将熟悉的建筑形式巧妙地进行呈现:一楼的露台实际上被非常大的窗帘包围着。在"家具屋"(Furniture House)系列作品中,坂茂通过将分区结构转化为储存空间的方法,否定了现代主义建筑师将结构和设计分开的做法。最大的家具屋系列是Sagoponac住宅(2006),它位于设计师的天堂——纽约长岛,轻松地再现了路德维希·密斯·凡·德·罗的砖瓦别墅(Brick Villa,1924)。而观景窗屋(Picture Window House,2010)有着20米长(65英尺)的窗户,似乎可以不着痕迹地将底层变成露台,这也颇有密斯的图根哈特别墅(Tugendhat House,1930)风格。

在新建的蓬皮杜艺术和文化中心梅茨分馆(Metz branch,2010),坂茂结合了结构和形式的模型。90米(295英尺)宽的屋顶由16千米(10英里)的胶合板贴片木材相互交叉形成六边形构成,看起来就像中式编织帽一般。屋顶的设计起伏夸张,但却与正交包络线显得格格不入。将结构和空间系统结合得更为成功的是G.C.大阪大厦(G. C. Osaka Building,2000),这栋大厦巧妙地利用了钢架塔楼进行设计,大跨度的维伦德尔木梁和直角的格子结构营造出开放的空间,而且坂茂使用50毫米(2英寸)的刨花板优雅地解决了长期存在的防火问题和内部装饰之间的矛盾。

坂茂迅速扩大的传统项目组合令人印象深刻。然而,开放性地使用非传统材料,以及对环境和人道主义问题的关怀,使他在建筑界中占据了独一无二的地位。

上图: 坂茂,大约摄于2010年。

顶图： G.C. 大阪大厦（2000）创造性地使用了钢架塔结构的木材。

上图： 2000 年，坂茂设计的汉诺威世博会的日本馆具有最令人印象深刻的纸筒管结构。

右图： 2010—2011 年，经历了一场毁灭性的地震后，一栋优雅的临时性教堂（又一座纸筒管结构教堂）在新西兰的克莱斯特彻奇落成。

位于纽约长岛的为 Sagoponac 住宅设计的家具屋（2006），存储空间和其他内置家具容量是这座房子结构本身的两倍。

坂茂

- 1957 出生于东京
- 1977 于加利福尼亚学习英语，并被南加州建筑学院录取
- 1980 转入纽约的柯柏联盟学院
- 1985 在纽约开创自己的事务所
- 1994 应对卢旺达内战提议建设第一座纸筒管避难所
- 2001 担任庆应大学环境和信息学院教授
- 2009 开始设计炭纤维家具
- 2014 获得普利兹克建筑奖

延伸阅读

History /theory

Curtis, William J. *Modern Architecture Since 1900*, 3rd edition (London: Phaidon Press, 1996).

Frampton, Kenneth. *Modern Architecture: a critical history*, 4th edition (London: Thames and Hudson, 2007).

Giedion, Sigfried. *Space, Time and Architecture*, revised edition (Cambridge, Mass: Harvard University Press, 2009).

Jencks, Charles. *The Language of Post-Modern Architecture*. 6th edition (New York: Rizzoli, 1991)

Pevsner, Nikolaus. *Pioneers of Modern Design*. Revised, with intro. by Richard Weston (Bath: Palazzo Editions, 2011).

Weston, Richard. *Modernism*. (London: Phaidon Press, 1996).

Polemical/theoretical books by architects

Gropius, Walter. *The New Architecture and the Bauhaus* (Cambridge, Mass.: MIT Press, 1995).

Hertzberger, Herman. *Lessons for Students in Architecture*, rev. ed. (Rotterdam: 010 Publishers).

Koolhaas, Rem. *Delirious New York*, new edition (New York: Monacelli Press, 1994).

Le Corbusier. New tr. by John Goodman. *Toward an Architecture*. 2nd edition (London: Frances Lincoln, 2008).

Rossi, Aldo. *The Architecture of the City* (Cambridge, Mass.: 1984).

Smithson, Alison. Team 10 primer (London: Studio Vista, 1968).

Venturi, Robert. *Complexity and Contradiction in Architecture*. Revised edition (New York: Museum of Modern Art, 1977).

Venturi, Robert, Denise Scott Brown and Scott Izenour. *Learning from Las Vegas* (Cambridge, Mass.: MIT Press, 1977).

Wright, Frank Lloyd. *An Autobiography* (Portland, OR: Pomegranate, 2005).

Monographs

Weston, Richard. *Alvar Aalto* (London: Phaidon Press, 1995).

Yukio Futagawa, ed. *Tadao Ando, 1972-1987* (Tokyo: A.D.A. Edita, 1987).

Blundell Jones, Peter. *Gunnar Asplund* (London: Phaidon Press, 2012).

McQuaid, Matilda. *Shigeru Ban* (London: Phaidon Press, 2003).

Martínez, Antonio R. *Luis Barragán* (New York: Monacelli Press, 1996).

Anderson, Stanford. *Eladio Dieste: Innovation in Structural Art* (Princeton: Princeton U.P., 2003).

Neuhart, John; Marilyn Neuhart; and Ray Eames. *Eames Design: The Work of the Office of Charles and Ray Eames* (New York: Harry N. Abrams, 1998).

Davidson, Cynthia and Stan Allen. *Tracing Eisenman: Peter Eisenman Complete Works* (London: Thames and Hudson, 2006).

Ligtelijn, Vincent, ed. *Aldo van Eyck. Works* (Basel: Birkhaüser, 1998).

Permanyer, Lluis. *Gaudí of Barcelona* (Barcelona: Poligrafa, 2011).

Adam, Peter. *Eileen Gray. Her Life and Work* (London: Thames and Hudson, 2009).

Isenberg, Barbara. *Conversations with Frank Gehry* (New York: Alfred Knopf, 2009).

Nerdinger, Winfried. *The Architect Walter Gropius* (Cambridge, Mass.: Harvard)

Weibel, Peter. *Hans Hollein* (Ostfildern: Hatje Cantz, 2012).

McCarter, Robert. *Louis I Kahn* (London: Phaidon Press, 2009).

Curtis, William. *Le Corbusier: Forms and Ideas* (London: Phaidon Press, 1994).

Wilson, Colin St John; Gennaro Postiglione and Nicola Flora. *Sigurd Lewerentz* (Segrate: Mondadore Electa, 2013).

Crawford, Alan. *Charles Rennie Mackintosh* (London: Thames and Hudson, 1995).

Jodidio, Philip. *Richard Meier & Partners. Complete Works 1963-2013* (Cologne: Taschen, 2013).

Zevi, Bruno and Louise Mendelsohn. *Erich Mendelsohn. The Complete Works* (Basel: Birkhaüser, 1999).

Mertins, Detlef. *Mies* (London: Phaidon Press, 2014).

Beck, Haig and Jackie Cooper. *Glenn Murcutt. A Singular Practice* (Victoria: The Image Publishing Group, 2006).

Hine, Thomas S. *Richard Neutra and the Search for Modern Architecture* (Berkeley: University of California Press, 1982)

Philippou, Styliane. *Oscar Niemeyer. Curves of Irreverence* (London: Yale, 2008).

Merkel, Jayne. Eero Saarinen (London: Phaidon Press, pb. edn. 2014).
Jodidio, Philip. *Renzo Piano. Complete Works 1966-2014* (Cologne: Taschen, 2014).

Blundell Jones, Peter. *Hans Scharoun* (London: Phaidon Press, 1997).
Weston, Richard. *Jørn Utzon. Inspiration, Vision, Architecture* (Copenhagen: Edition Bløndal, 2001).

Levine, Neil. *Frank Lloyd Wright*. (Princeton: Princeton University Press, 1998).

Durisch, Thomas. *Peter Zumthor: Buildings and Projects 1985-2013* (Zurich: Scheidegger and Spiess, 2014).

索 引

粗体数字对应的是主要条目页码，斜体数字对应插图页码。

3107 号椅子（雅各布森）*110*

A

《阿尔卑斯山建筑》（陶特）41，*42*，173
阿道夫·路斯 **24-27**，45，77
阿尔巴罗·西萨 **224-227**
阿尔多·范·艾克 7，**160-163**，181，213
阿尔多·罗西 **204-207**，217
阿尔弗雷德：法古斯鞋楦厂（格罗皮乌斯）49，*51*
阿尔瓦·阿尔托 **92-95**，185，225，245
阿基格拉姆集团 221
阿卡普尔科：阿朗戈-马尔布里萨住宅（劳特纳）140，*142*
阿拉米罗大桥（卡拉特拉瓦）293，*295*
阿雷格里港：塞拉维斯基金会（西萨）*224*，225
阿姆斯特丹
　　阿波罗学校（赫茨伯格）213，*214*
　　胡伯图斯公寓（范·艾克）161，*163*
　　孤儿院（范·艾克）161，*163*，213
　　东蒙台梭利学校（赫茨伯格）213，*215*
阿纳·雅各布森 **108-111**
阿培尔顿：比希尔中心办公大楼（赫茨伯格）*212*，213
阿斯彭：特纳住宅（劳特纳）140
阿特兰蒂亚：教堂（迪特特）157，*158-159*
埃贝尔瓦尔德：技术学院（赫尔佐格和德·梅隆）289
埃拉迪欧·迪特特 **156-159**
埃罗·沙里宁 129，**132-135**，265
埃瑞许·孟德尔松 **60-63**
埃森歌剧院（阿尔托）92
艾德瓦尔多·苏托·德·莫拉 **296-299**
艾哈迈达巴德：圣雄甘地纪念馆（柯里亚）201
艾莉森和彼得·史密森 **176-179**
艾琳·格雷 **36-39**
爱丁堡：苏格兰议会大厦（米拉列斯）300，*301*
安东尼·高迪 6，**8-11**，117，137，145，165
安藤忠雄 7，**260-263**
奥古斯特·贝瑞 **32-35**
奥合银行（斯诺兹）217，*219*
奥胡斯市政厅（雅各布森）108，*110*
奥兰多：迪士尼世界海豚度假酒店（格雷夫斯）*228*，230
奥斯卡·尼迈耶 **124-127**
奥斯卡·尼奇克 221
奥斯塔雷特斯：市政大厅（米拉列斯）300，*303*
奥特洛：松赛比克展亭（范·艾克）161，*162*
奥维多：飞机棚（奈尔维）77，*78*
澳大利亚广场大厦（奈尔维和赛德勒）77

B

巴克敏斯特·福乐 **88-91**
巴库：盖达尔·阿利耶夫文化中心（哈迪德）284，*286*
巴拉哈斯国际机场（罗杰斯）221，*223*
巴黎

富兰克林路 25 号（贝瑞）*32*，33
雷努阿尔路公寓大厦（贝瑞）33
蓬皮杜艺术和文化中心（罗杰斯和皮亚诺）221，*222*，257
蓬皮杜艺术和文化中心梅茨分馆（坂茂）305
玻璃屋（查里奥）44，45，*46-47*，249
蒙特卡洛的闺房（格雷）36，*39*
国家公共工程博物馆（贝瑞）33
法国国家图书馆（库哈斯）273
巴塞尔：拜尔勒基金会博物馆（皮亚诺）257，*259*
巴塞罗那馆（密斯）265
巴塞罗那
　　瓦尔德希伯伦：射击设施练习馆（米拉列斯）300，*302*
　　巴塞罗那塔公寓（科德尔奇）145，*147*
　　巴特罗公寓（高迪）*8*，9
　　古埃尔领地教堂（高迪）9，*10*
　　伊瓜拉达墓园（米拉列斯）300，*302*
　　圣家堂（高迪）9，*11*
　　建筑学院（科德尔奇）145，*146*
　　贸易大厦（科德尔奇）*144*，145
巴塞罗那椅（密斯）57，*59*
巴斯大学：建筑学院（史密森）177，*179*
巴维格住宅（戈夫）117，*118*，*119*
巴西利亚：市政大厦（尼迈耶）125，*126-127*
柏林
　　AEG 公司（贝伦斯）21，*22*
　　"城市边缘"项目（里伯斯金）277，*278*
　　法肯贝格住宅（陶特）*40*，41
　　犹太人博物馆（里伯斯金）*276*，277，278
　　勒温住宅（贝伦斯）22
　　国家美术馆（密斯）85
　　保罗-海泽大街（陶特）*43*
　　爱乐乐厅（夏隆）85，*86-87*
　　街道区（罗西）205，*207*
　　德国新国会大厦（福斯特）241，*242*
　　科学中心（斯特林）189
　　国家图书馆（夏隆）85，*87*
　　环球影城（孟德尔松）61
柏林爱乐乐厅（夏隆）85，*86-87*
纽卡斯尔斯尔泰恩湖畔：拜克住宅项目（欧司金）152，*154*
坂茂 **304-306**
办公室-图书馆（查里奥）45，*47*
包豪斯（格罗皮乌斯）*48*，49，*50*，245
鲍俊凯哈根：圣马可教堂（劳伦兹）53，*55*
北安普敦新风格（贝伦斯）21
北极村（欧司金）152，*154*
贝克斯希尔：德拉沃馆（孟德尔松）*60*，61
本托塔海滩酒店（巴瓦）168，*170*，*171*
彼得·艾森曼 **208-211**，228，277
彼得·雷斯 284
彼得·祖索尔 **268-271**

彼特·贝伦斯 **20-22**，49
必比登椅（格雷）36，*39*
毕尔巴鄂：古根海姆博物馆（盖里）*196*，197
表现主义 41，61
宾夕法尼亚州纽镇：圣公会学院 185，*186*
波·诺瓦餐厅（西萨）225
波茨坦：爱因斯坦塔（孟德尔松）61，*62*
波恩：德国国会大厦（班尼奇）173，*175*
波尔多
    新法庭（罗杰斯）221，*222*
    别墅（库哈斯）273，*274*，*275*
波尔图
    布尔古办公大楼（苏托·德·莫拉）297，*298*
    音乐之家（库哈斯）273
    赛哈外斯当代艺术博物馆（西萨）225
波萨尼奥：卡诺瓦雕塑博物馆（斯卡帕）121，*122*
波特兰：公共服务设施（格雷夫斯）228，*229*
玻璃亭（陶特）41，*42*
玻璃屋（查里奥）*44*，45，*46-47*，249
伯利恒：达尔·卡利马学院 246
博帕尔省：维德汉·巴瓦尼州议会大厦（柯里亚）201，*202*
布尔诺：图根哈特别墅（密斯）57，*59*，305
布拉格
    圣心大教堂（普列赤涅克）28，*31*
    穆勒住宅（路斯）*24*，25，*26-27*
    布拉格城堡（普列赤涅克）28，*30*
布拉加市立体育场（苏托·德·莫拉）*296*，297
布兰诺：范斯沃斯住宅（密斯）57，*58-59*
布勒克伦：斯图亚特避暑度假屋（里特维德）69，*70*
布雷根茨艺术画廊（祖索尔）269，*271*
布鲁诺·陶特 6，**40-43**，173
布鲁斯·戈夫 **116-119**

C
CAD（计算机辅助设计）25，197
C.F.A. 沃塞 17
仓敷市政厅（丹下健三）149，*150*
草原式住宅（赖特）12，80
查尔斯·柯里亚 **200-203**
查尔斯·雷尼·马金托什 6，**16-19**
查尔斯·摩尔 237
查尔斯·詹克斯 7
查尔斯·伊默斯和蕾·伊默斯 **128-131**，133
川香县：政府办公大楼（丹下健三）*148*，149

D
Dymaxion House（最大限度利用能源住宅）（福乐）89，*91*
Dymaxion 世界地图（福乐）89，*89*
Dymaxion 住宅（福乐）89，*90*
达达主义 25
达卡：国民议会厅（康）*100*，101
达连湾：史密斯住宅（迈耶）237，*239*
达姆施塔特：贝伦斯的私人住宅 20
大阪
    光之教堂（安藤忠雄）260，*263*
    G.C. 大阪大厦（坂茂）305，*306*
    住吉的长屋（安藤忠雄）260，*261*
代尔夫特：蒙台梭利学校（赫茨伯格）213，*215*
丹尼尔·里伯斯金 **276-279**
丹尼斯·斯科特·布朗 见 文图里·斯科特·布朗组合
丹下健三 **148-151**，192
德国馆（密斯）57，*58*
德拉沃尔馆（孟德尔松）*60*，61

德绍：包豪斯（格罗皮乌斯）48，49
德意志制造联盟（科隆，1914）41，*42*，49，*50*
迪士尼世界海豚度假酒店（格雷夫斯）228，*230*
槙文彦 **192-195**
电水壶（贝伦斯）21，*23*
东安吉利亚大学：塞恩斯伯里视觉艺术中心（福斯特）241
东京
    窗帘住宅（坂茂）*304*，305
    代官山（槙文彦）192，*194*
    东京体育馆（槙文彦）192，*195*
    日本国家体育馆（丹下健三）149，*151*
    东京方案（丹下健三）149，*151*
    山梨新闻广播中心（丹下健三）149
    银色小屋（伊东丰雄）265，*267*
    螺旋大厦（槙文彦）192，*194*
    Tepia 科学中心（槙文彦）192
    TOD 精品店（伊东丰雄）265
    白色"U"形住宅（伊东丰雄）265，*267*
大都会建筑事务所（OMA）284
都灵：劳动宫（奈尔维）*76*，77
独立团队 177
杜拉斯诺：圣彼得教堂（迪特）*156*，157
杜勒斯国际机场（沙里宁）133，*134*
多伦多：皇家安大略博物馆（里伯斯金）277，*279*

E
俄亥俄州立大学：维克斯纳视觉艺术中心（艾森曼）208，*210*
俄克拉荷马
    巴维格住宅（戈夫）117，*118*，*119*
    波士顿大街的卫理公会教堂（戈夫）117
    霍普韦尔浸会教堂（戈夫）117，*119*
    莱德贝特住宅（戈夫）*118*
厄文·皮斯卡托 49
恩里克·米拉列斯 **300-303**

F
"方舟"办公楼（欧司金）152
法兰克福
    生物中心（艾森曼，未建造）208，*211*
    应用艺术博物馆（迈耶）237，*238*
    邮政博物馆（班尼奇）173，*175*
法尼亚奥洛纳：学校（罗西）205
法赛度假村 97，*98*
范斯沃斯住宅（密斯）57，*58-59*，249
菲利克斯·坎德拉 **136-139**，265
菲耶兰：挪威冰川博物馆（费恩）181，*182-183*
费城：理查德医学研究中心（康）101，*103*，149
芬兰诺尔马库：玛利亚别墅（阿尔托）92，*93*
风格派艺术运动 161
佛教水神庙（安藤）260，*262*
佛罗伦萨：市政体育场（奈尔维）77
弗拉基米尔·舒霍夫 73
弗兰克·盖里 7，**196-199**，277
弗兰克·劳埃德·赖特 6，**12-15**，17，80，113，117，121，140，189，213，225
弗朗索瓦·埃纳比克 33
弗雷·奥托 173，305
弗雷德里克斯白色住宅（马库特）*250-251*
弗雷登斯堡：庭院设计（乌松）165，*167*
复活教堂（劳伦兹）53，*55*

G
"光化屋"（劳特纳）140，*141*

甘特·班尼奇 **172-175**
高纳新村（法赛）97，*98-99*
戈特弗里德·森佩尔 25，28
哥本哈根
　　巴格斯瓦德教堂（乌松）165，*167*
　　丹麦国家银行（雅各布森）108，*109*
格弗里德·吉提翁 49
格拉哈姆·斯特克 221，*221*
格拉斯哥艺术学校（马金托什）16，17，*18*
格里特·里特维德 **68-71**，237
格伦·马库特 **248-251**
贡纳·阿斯普朗德 53
国际风格 6，21，61，92，108，177

H
Hysolar 研究所（班尼奇）173，*174*
"航空母舰城"（霍莱因）233，*234*
哈达萨医院（孟德尔松）61，*63*
哈里杰：新巴里斯村（法赛）*96*
哈利·赛德勒 77
哈马尔：大主教博物馆（费恩）181，*182*，*183*
哈桑·法赛 **96-99**
哈桑别墅（法赛）*99*
海伦斯堡：希尔住宅（马金托什）17，*19*
海牙
　　市政厅和中央图书馆（迈耶）237
　　罗马天主教堂（范·艾克）160，*161*
汉斯·霍莱因 **232-235**
汉斯·迈耶 189
汉斯·夏隆 **84-87**
汉索曼住宅（格雷夫斯）228，*231*
何塞普·路易·塞特 192
荷兰：蒙台梭利学校（赫茨伯格）213，*215*
赫恩豪森公园亭台（雅各布森）108
赫尔曼·赫茨伯格 **212-215**
赫尔曼·穆特修斯 41
赫尔辛格：金戈居住区（乌松）165
赫尔辛基
　　芬兰大厦（阿尔托）92
　　德国大使馆（利维斯卡）245，*247*
　　奇亚斯玛（霍尔）281
　　社会科学学院（利维斯卡）245，*247*
　　塞伊奈约基市图书馆（阿尔托）92，*94*
赫尔佐格和德·梅隆 **288-291**
黑川纪章 192
亨利·凡·德·威尔德 61
亨利·鲁迪 121
亨斯坦顿学校（史密森）177，*178-179*
红蓝椅（里特维德）68，69
后现代主义 7，28，57，233
湖滨公寓（密斯）57，*57*
环球航空机场（沙里宁）*132*，133
霍奇米尔科的 Los Manantiales 餐厅（坎德拉）*136*，137

J
Jaoul 别墅（勒·柯布西耶）65
吉奥·庞蒂 77
吉拉弟公寓（巴拉干）113，*114*
加登格罗夫教堂（诺依特拉）*83*
加尔舍的斯坦恩别墅（勒·柯布西耶）237
加利西亚：文化之都（艾森曼）208，*211*
加利福尼亚州：索尔克研究中心（康）101，*102-103*
家具屋（坂茂）305，*307*

建构主义 73
剑桥大学：历史学院图书馆（斯特林）189，*191*
杰弗里·巴瓦 **168-171**
菊竹清训 192

K
卡德斯伊斯拉克：乌加尔德公寓（科德尔奇）145，*146*
卡迪夫：国民议会大楼（罗杰斯）221
卡尔斯鲁厄：交流中心（库哈斯）273
卡洛·斯卡帕 **120-123**，181，217
卡莫·皮诺斯 300
卡南：飞鸟博物馆（安藤忠雄）260，*262*
卡诺阿斯：尼迈耶私人住宅 125，*126*
卡斯凯斯：保拉瑞金博物馆（苏托·德·莫拉）297，*299*
卡斯泰拉：Tempe à Pailla（格雷）36
开姆尼斯：肖肯百货大楼（孟德尔松）61，*63*
堪萨斯城：纳尔逊-阿特金斯艺术博物馆（霍尔）281，*282*
康斯坦丁·梅尔尼科夫 **72-75**，189
康沃尔：克里克·维安别墅（Team 4）241
康沃尔郡：第六住宅（艾森曼）208，*209*
考夫曼（沙漠）住宅，流水别墅
科埃斯费尔德：恩斯汀库房（卡拉特拉瓦）293
科隆
　　柯伦巴艺术博物（祖索尔）*268*，269
科伦坡：席尔瓦住宅（巴瓦）168，*169*
科罗拉多：落城（福乐）89，*90*
科威特馆（卡拉特拉瓦）293
科沃拉市政厅（利维斯卡）245
克莱斯特彻奇：临时性教堂（坂）305，*307*
克劳德-尼古拉斯·勒杜 73，228
克雷格·埃尔伍 249
克利潘：圣彼得大教堂（劳伦兹）52，53，*54*
课桌椅（普鲁韦）*104*，105
肯贝尔艺术博物馆（康）101，*102*，260
肯普西：玛丽·肖肯住宅（马库特）*248*，249
空间量体设计 25，45
库埃纳瓦卡：马洛斯教堂（坎德拉）137，*139*
库奥皮奥：曼尼斯托教堂（利维斯卡）245，*246*

L
拉尔夫·欧司金 **152-155**
拉斐尔·莫内欧 **252-255**
拉金大厦（赖特）12，213
拉普兰：滑雪旅馆（欧司金）152
拉图雷特（勒·柯布西耶）65，*67*，168
莱茵贝特住宅（戈夫）*118*
莱斯特大学工程大楼（斯特林）189，*190*
蓝色骑士艺术家团体 61
朗香：圣母教堂（勒·柯布西耶）*64*，65，*66*
劳芬：利口乐库房（赫尔佐格和德·梅隆）289，*290*
劳维尔住宅（诺依特拉）80，*83*
勒·柯布西耶（查尔斯-艾杜阿·江耐瑞）6，9，21，33，36，41，49，**64-67**，73，85，105，125，168，189，225，228，237
勒兰西：圣母教堂（贝瑞）33，*34-35*
雷姆·库哈斯 **272-275**，284
雷纳·班哈姆 177
里昂
　　机场火车站（卡拉特拉瓦）293
　　拉图雷特（勒·柯布西耶）65，*67*，168
理查德·罗杰斯 **220-223**，241
理查德·迈耶 228，**236-239**
理查德·诺依特拉 **80-83**
理查德医学研究中心（康）101，*103*，149

流水别墅（赖特）12，*13*，121
卢堡：施明克住宅（夏隆）*84*，85
卢布尔雅那市
    国家图书馆（普列赤涅克）28，*29*，*31*
    三桥（普列赤涅克）28
芦屋市：小筱邸住宅（安藤）260，*263*
鹿特丹：艺术厅（库哈斯）273，*274*
路德维希·密斯·凡·德·罗 7，21，41，49，**56-59**，177，245，249，265，297，305
路斯大楼（路斯）25，*27*
路易吉·斯诺兹 **216-219**
路易斯·巴拉干 **112-115**
路易斯·康 7，**100-103**，260
路易斯维尔：胡玛纳大楼（格雷夫斯）228，*230*
伦敦：劳埃德大厦（罗杰斯）*220*，221
伦敦
    "方舟"办公楼（欧司金）152
    大英博物馆大展苑（福斯特）241
    《经济学人》大厦（史密森）177，*178*
    "小黄瓜"（福斯特）241
    拉邦舞蹈中心（赫尔佐格和德·梅隆）289，*291*
    劳埃德大厦（罗杰斯）*220*，221
    Poultry 路 1 号（斯特林）189
    蛇形画廊馆（伊东丰雄）265
    碎片大厦（皮亚诺）*256*，257
伦佐·皮亚诺 221，**256-259**
罗宾住宅（赖特）12，*15*
罗伯特·马莱特 – 史蒂文斯 36
罗伯特·马亚尔 137
罗伯特·文图里 7，185，237
罗多乌尔市政厅（雅各布森）108，*111*
罗马国立当代艺术中心（哈迪德）284，*285*
罗马
    罗马国立当代艺术中心（哈迪德）284，*285*
    小体育馆（奈尔维）77，*78*，*79*
    体育馆（奈尔维）77，*78-79*
洛尔希：学校建筑（班尼奇）173，*174*
洛杉矶
    天使圣母大教堂（莫内欧）253，*254*
    迪士尼音乐厅（盖里）197，*198*
    伊默斯住宅 *128*，129，*131*
    盖里住宅 197，*198*
    盖蒂中心（迈耶）*236*，237
    劳维尔住宅（诺依特拉）80，*83*
    希茨公寓（劳伏纳）140，*143*
洛斯·克鲁布斯住宅，墨西哥城（巴拉干）*112*，113

M

Muuratsalo 岛：避暑别墅（阿尔托）92
麻省理工大学
    克雷斯吉礼堂（沙里宁）133，*134*
    媒体实验大厦（槙文彦）192，*195*
    西蒙斯楼（霍尔）*282-283*
马丁·瓦格纳 43
马丁角：E.1027（格雷）36，*37*，*38*
马尔库·派肯能 245
马尔默
    小花亭（劳伦兹）53
    扭转大厦（卡拉特拉瓦）*292*，293
马可·戈尔德施米特 221
马里奥·博塔 217
马略卡岛：肯莉斯住宅（乌松）165，*166*
马赛公寓（勒·柯布西耶）65，105，201

迈克·戴维斯 221
迈克尔·格雷夫斯 **228-231**
迈亚：住宅（苏托·德·莫拉）*298-299*
麦格尼住宅（马库特）249，*250*，*251*
梅尔松根：综合建筑群（斯特林）189，*191*
梅里达：罗马艺术国家博物馆（莫内欧）*252*，253
美国风住宅（赖特）12
美国馆（福乐）*88*，89
门兴格拉德巴赫：市政博物馆（霍莱因）233，*234*
蒙特埃文：尼古拉斯住宅（马库特）249
蒙特加罗索
    改造（斯诺兹）217，*218*，*219*
    奥合银行（斯诺兹）217，*219*
蒙特卡洛的闺房（格雷）36，*39*
孟买
    孟买贝拉普住宅区项目（柯里亚）201
    干城章嘉公寓（柯里亚）201，*203*
米尔玛尼：教堂和教区中心（利维斯卡）*244*，245
米兰
    加拉拉特西公寓（罗西）205，*206*
    倍耐力塔（奈尔维和庞蒂）77
    米兰倍耐力塔（奈尔维和庞蒂）77
米卢斯：利口乐库房（赫尔佐格和德·梅隆）289
米洛大桥（福斯特）241，*243*
密尔沃基艺术博物馆（卡拉特拉瓦）293，*294*
摩德纳公墓（罗西）*204*，205
莫斯科
    梅尔尼科夫住宅 73，*74*，75
    卢萨科夫俱乐部（梅尔尼科夫）73，*75*，189
墨西哥城
    巴拉干住宅 113，*115*
    神奇勋章的圣母教堂 137，*138*
    宇宙射线实验室（坎德拉）137，*138*
    吉拉弟公寓（巴拉干）113，*114*
    洛斯·克鲁布斯住宅（巴拉干）*112*，113
慕尼黑
    安联球场（赫尔佐格和德·梅隆）289，*290-291*
    巴伐利亚中央银行（班尼奇）173
    戈茨画廊（赫尔佐格和德·梅隆）*288*，289
    奥林匹克公园（班尼奇）*172*，173
穆尔西亚市市政大厅（莫内欧）253，*254-255*
穆勒住宅（路斯）24，25，*26-27*
穆克嘉德学校（雅各布森）108，*111*

N

纳德·毕吉伯 45
南锡：普鲁韦住宅 105，*107*
楠塔基特岛：楚贝克和维斯洛茨基住宅（VSBA）185，*187*
尼古拉·佩夫斯纳 21
尼泰罗伊：当代艺术博物馆（尼迈耶）*124*，125
牛津大学：弗洛里学生宿舍（斯特林）189
纽卡斯尔泰恩湖畔：拜克住宅项目（欧司金）152，*154*
纽约：古根海姆博物馆（赖特）12，225
纽约
    家具屋（坂茂）305，*307*
    古根海姆博物馆（赖特）12，225
    佩里街公寓（迈耶）*237*
    西格拉姆大厦（密斯）*56*，57
    世贸中心第四栋塔楼（槙文彦）192，*193*
纽约五人组 208，228，237
努美阿：吉巴欧文化中心（皮亚诺）*257*，258
挪威冰川博物馆（费恩）181，*182-183*
挪威馆（费恩）181

诺尔马库：玛利亚别墅（阿尔托）92，93
诺曼·福斯特 221，**240-243**，257

P
帕尔马：米罗基金会（莫内欧）253
帕尔梅拉海滨游泳池（西萨）225，227
帕特里克·舒马赫 284
帕伊米奥结核病疗养院（阿尔托）92，95
帕伊米奥椅（阿尔托）92
潘普利亚：度假村（尼迈耶）125，127
蓬皮杜艺术和文化中心梅茨分馆（坂茂）305
蓬皮杜艺术中心（罗杰斯和皮亚诺）221，222
皮埃尔·查里奥 **44-47**，249
皮埃尔·德·梅隆，赫尔佐格和德·梅隆
皮埃尔·路易吉·奈尔维 **76-79**，137
贫穷艺术（运动）197
葡萄牙馆（西萨）*226-227*
普林斯顿大学
　　胡应湘大楼（VSBA）184，*185*
　　格雷夫斯住宅 228，*231*
普瓦西：萨伏伊别墅（勒·柯布西耶）65，*66*

Q
岐阜：殡仪馆（伊东）265，*266-267*
屈灵顿游泳池更衣室（康）101

R
让·伯多维西 36
让·普鲁韦 **104-107**
热带屋（普鲁韦）105，*106*
人民大厦（普鲁韦）105，*106*
日本馆（坂茂）305，*306*
日南文化中心（丹下健三）149，*150*
瑞克·露辛达 249
瑞士乡村小教堂（祖索尔）269，*271*

S
Søholm 住宅（雅各布森）108
"数学软件……"展览（伊默斯）129，*130*
萨伏伊别墅（勒·柯布西耶）65，*66*，237
萨伊诺萨罗市政厅（阿尔托）92，*94*
塞德里克·普赖斯 221
塞吉·希玛耶夫 61
塞西尔·巴尔蒙德 265，273
塞伊奈约基市图书馆（阿尔托）92，*94*
沙漠住宅（诺依特拉）80，*81*，82
山梨新闻广播中心（丹下健三）149
圣地亚哥·卡拉特拉瓦 **292-295**
圣地亚哥-德孔波斯特拉：加利西安当代艺术中心（西萨）225，*226*
圣塞瓦斯蒂安：礼堂（莫内欧）253，*255*
施罗德住宅（里特维德）69，*70-71*，237
施明克住宅（夏隆）*84*，85
施耐德住宅（斯诺兹）*216*，217
"世界尽头"美术馆（费恩）181
世贸中心（槙文彦）192，*193*
斯德哥尔摩
　　弗拉斯卡蒂大学图书馆（欧司金）152，*153*
　　复活教堂（劳伦兹）53，*55*
　　斯特罗姆（欧司金）152
　　伊瓜拉达墓园（阿斯普朗德和劳伦兹）300
斯蒂文·霍尔 **280-283**
斯蒂文·依泽诺 185
斯坦纳住宅（路斯）25，*26*

斯坦普利亚基金会（斯卡帕）120，121
斯特列多住宅（霍尔）281，*283*
斯图加特
　　Hysolar 研究所（班尼奇）173，*174*
　　州立绘画馆（斯特林）*188*，189
　　白院聚落（勒·柯布西耶）189
　　白院聚落展览（陶特）41
斯图亚特避暑度假屋（里特维德）69，*70*
斯维勒·费恩 **180-183**
斯温登：电子工厂（Team4）241
四人小组（合作关系）221，241
松赛比克展亭（范·艾克）161，*162*
苏·布拉姆韦尔 221，241
苏黎世：博物馆（勒·柯布西耶）65，*67*
苏维埃宫（梅尔尼科夫）*72*，73
碎片大厦（皮亚诺）*256*，257
索尔克研究中心（康）101，*102-103*

T
坦丹萨学派（运动）205
特里斯坦·查拉 25
提契诺学派 217
图根哈特别墅（密斯）57，*59*，305
图卢兹：省级国会大厦（VSBA）*186*
团结寺（赖特）12，*14*，17

V
VSBA 见文图里与斯科特·布朗组合（霍莱因）233

W
瓦尔斯：温泉浴场（祖索尔）269，*270*
瓦尔特·格罗皮乌斯 21，41，**48-51**
瓦娜·文图里住宅（VSBA）185，*187*
威尼斯
　　大运河桥梁（卡拉特拉瓦）293，*294*
　　奥利维蒂商店（斯卡帕）121，*123*
　　北欧馆（费恩）*180*，181
　　斯坦普利亚基金会（斯卡帕）120，121
　　世界剧场（罗西）205，*206*
韦恩堡：汉索曼住宅（格雷夫斯）228，*231*
韦尔斯乔：施耐德住宅（斯诺兹）*216*，217
韦利加马海湾：普拉迪普·贾亚瓦德纳住宅（巴瓦）168，*170*
维德汉·巴瓦尼州议会大厦（柯里亚）201，*202*
维罗纳：卡斯特维奇博物馆（斯卡帕）121，*122*，181，217
维欧勒·勒·杜克 6
维特拉消防站建筑群（哈迪德）284，*287*
维也纳：跳舞的房子（盖里）197，*199*
维也纳
　　跳舞的房子（盖里）197，*199*
　　哈斯大厦（霍莱因）233
　　路斯大楼（路斯）25，*27*
　　雷特尔蜡烛商店（霍莱因）233，*235*
　　斯坦纳住宅（路斯）25，*26*
　　旅行社（霍莱因）233
理想家园（史密森）*176*，177
魏尔镇：维特拉消防站（哈迪德）284，*287*
温迪·奇斯曼 221，241
文图里与斯科特·布朗组合（VSBA）**184-187**
沃尔夫斯堡：费诺科学中心（哈迪德）284，*287*
沃伦市：通用汽车技术中心 133，*135*
沃思堡：肯贝尔艺术博物馆（康）101，*102*，260
乌得勒支
　　教育中心（库哈斯）*272*，373

施罗德住宅（里特维德）69，*70-71*，237

X
"箱子"（欧司金）152，*155*
"小黄瓜"（福斯特）241
西格德·劳伦兹 52-55，300
西格拉姆大厦（密斯）*56*，57
西雅图
    圣依纳爵教堂（霍尔）*280*，281
    摇滚博物馆（盖里）197
    公共图书馆（库哈斯）*275*
希尔住宅（马金托什）17，*19*
悉尼
    澳大利亚广场大厦（奈尔维和赛德勒）77
    戈兰诺里的鲍尔·夷斯特威住宅（马库特）249
    歌剧院（乌松）*164*，165，197
仙台传媒中心（伊东丰雄）*264*，265
现代工业装饰艺术国际博览会 *72*，73
现代主义 6，7，25，49，61，65，77，101，108，201，217，237，265，305
现象学 281
香港
    香港上海汇丰银行（福斯特）*240*，241，257
    M+ 大楼（赫尔佐格和德·梅隆）289
"箱子"（欧司金）152，*155*
肖肯百货大楼（孟德尔松）61，*63*
新陈代谢派 192
新德里：国家工艺品博物馆（柯里亚）201
新都昌迪加尔公共建筑（勒·柯布西耶）65
新哈莫尼：文化馆（迈耶）237，*238-239*
新精神（勒·柯布西耶）73
新野兽派 177
新艺术 17，21，61，265
休斯顿
    奥黛丽·琼斯·贝克大楼（莫内欧）253
    梅尼尔收藏博物馆（皮亚诺）257，*258-259*

Y
伊贝林·布塞留斯住宅（诺依特拉）80，*82*
伊东丰雄 **264-267**
伊凡·哈伯 221，*221*
伊利诺伊州理工学院（密斯）177
伊马特拉市：伏克塞涅斯卡教堂（阿尔托）92
伊普斯威奇：威利斯·费伯和杜马斯保险公司大楼 241，*243*
伊瓜拉达墓园（阿斯普朗德和劳伦兹）300
椅子 36，*39*，57，*59*，68，69，*70*，92，*104*，105，108，*110*，129，*131*，133
艺术新村 21
宇宙射线实验室（坎德拉）137，*138*
雨果·哈林 85，173
"郁金香"系列家具（沙里宁）133
圆顶建筑（福乐）*88*，89
约恩·乌松 **164-167**，181，197
约翰·昂特扎 80，129
约翰·伯杰 173
约翰·劳特纳 **140-143**
约翰·扬 221
约翰逊制蜡公司大楼（赖特）12，*15*，189
约热·普列赤涅克 **28-31**
约瑟·安东尼·科德尔奇 **144-147**
约瑟夫·玛利亚·乔杰尔 145

Z
"Z"形椅子（里特维德）69，*70*
扎哈·哈迪德 7，277，**284-287**
斋浦尔：Jawaha Kala Kendra 艺术中心（柯里亚）*200*，201
詹姆斯·高恩 189
詹姆斯·斯特林 **188-191**
整体艺术作品 49
芝加哥
    湖滨公寓（密斯）57，*57*
    罗宾住宅（赖特）12，*15*
    团结寺（赖特）12，*14*
直岛：当代艺术博物馆（安藤忠雄）260
朱哈·利维斯卡 **244-247**
朱赛普·特拉尼 208，237
装饰艺术 45；另见国际艺术装饰与现代工业博览会
棕榈泉
    沙漠住宅（诺依特拉）80，*81*，*82*
    埃尔罗德住宅（劳特纳）140，*143*
棕榈室（露辛达）249

图片来源

a＝上图
c＝中图
b＝下图
l＝左图
r＝右图

Cover: akg-images/Paul Almasy/© FLC/ADAGP, Paris and DACS, London 2014

8 Alamy/© Glen Allison; **9** Alamy/© INTERFOTO; **10a** Alamy/© pictureproject; **10b** Alamy/© ICSDB; **11** Alamy/© Stefano Politi Markovina; **12** Getty Images/Photo by Allan Grant/The LIFE Picture Collection; **13** Alamy/© H. Mark Weidman Photography; **14a** Alamy/© Arcaid Images/Thomas A. Heinz. © ARS, NY and DACS, London 2014. **14b** © ARS, NY and DACS, London 2014. **15a** Richard Weston © ARS, NY and DACS, London 2014. **15b** Alamy/© Kim Karpeles; **16** Getty/Leemage; **17** Corbis/© E.O. Hoppé; **18** Alamy/© John Peter Photography; **19a** Alamy/© Robert Harding Picture Library Ltd/Adam Woolfitt; **19b** Alamy/© Arcaid Images/Mark Fiennes; **20** Alamy/© Bildarchiv Monheim GmbH/Florian Monheim; **21** akg-images/ullstein bild; **22, 23a** akg-images; **22b** Alamy/© Bildarchiv Monheim GmbH/Florian Monheim; **23c** Alamy/© INTERFOTO; **24** Alamy/© B.O'Kane; **25** Getty Images/Imagno; **26a** Alamy/© Bildarchiv Monheim GmbH/Florian Monheim; **26–27b** Alamy/© isifa Image Service s.r.o./Kviz Jaroslav; **27a** Alamy/© Bildarchiv Monheim GmbH/Florian Monheim; **28** The Prague Castle Archive, Fund: Sbírka fotografií Stavební spravy Pražského hradu, inv.č. 2241; **29** Alamy/© Steve Outram; **30a** Bridgeman Images/ Photo © Mark Fiennes; **30b** Richard Weston; **31a** Alamy/© Peter Forsberg/People; **31b** Getty Images/Gamma-Rapho; **32** Alamy/© The Art Archive/Gianni Dagli Orti/25bis Rue Franklin - Auguste PERRET, UFSE,SAIF, 2014; **33** akg-images/; **34** Corbis/© Schütze-Rodemann; Sigrid/Arcaid/Notre Dame de Raincy Auguste PERRET, UFSE,SAIF, 2014; **35** RIBA Library Photographic Collection; **36** Getty Images/Berenice Abbott; **37** RIBA Library Photographic Collection; **38a** RIBA Library Photographic Collection; **39a** Bridgeman Images/Private Collection/Photo © Christie's Images;
39b RIBA Library Photographic Collection/© ADAGP, Paris and DACS, London 2014. **40** Alamy © imageBROKER; **41** Topfoto/© ullsteinbild; **42a** Bildarchiv Foto Marburg; **42b** RIBA RIBA Library Photographs Collection; **43** Alamy/© Juergen Henkelmann Photography; **44** RIBA Library Photographs Collection/Architectural Press Archive; **45** Photo © Centre Pompidou, MNAM-CCI, Dist. RMN-Grand Palais/Philippe Migeat; **46** Jordi Sarra; **47a** Photo les Arts Décoratifs, Paris; **47b** akg-images/Les Arts Décoratifs, Paris/Jean Tholance; **48** Alamy/© Asia Photopress; **49** Alamy/© Pictorial Press Ltd; **50–51** Alamy/© Bildarchiv Monheim GmbH; **50a** Bauhaus-Archiv Berlin; **50b** Bauhaus-Archiv Berlin/Erich Consemüller/© DACS 2014; **52** Arkitektur – och designcentrum/photo Karl-Eril Olsson-Snogeröd; **53** Photo: Foto Hernried/Arkitektur- och designcentrum; **54** Arkitektur – och designcentrum/photo Karl-Eril Olsson-Snogeröd; **55a** Alamy/© FP Collection; **55b** Peter Blundell Jones; **56** Alamy/© Philip Scalia; **57** Getty Images/The LIFE Picture Collection/© DACS 2014; **58–59a** Alamy/© B.O'Kane; **58b** Scala/© DACS 2014; **59b** Alamy/ © isifa Image Service s.r.o/© DACS 2014; **60** Alamy/© Imagestate Media Partners Limited - Impact Photos; **61** akg-images; **62** Alamy/© Angelo Hornak; **63a** akg-images/Peter Weiss; **63b** RIBA Library Photographs Collection; **64** Alamy/© Oleg Mitiukhin/© FLC/ADAGP, Paris and DACS, London 2014; **65** Le Corbusier Foundation; **66a** © FLC/ADAGP, Paris and DACS, London 2014; **66b** © Alamy/Ray Roberts/© FLC/ ADAGP, Paris and DACS, London 2014; **67a, b** © FLC/ADAGP, Paris and DACS, London 2014; **68** Alamy/© Picture Partners/© DACS 2014; **69, 70a** © Nico Jesse/Nederlands Fotomuseum; **70b** akg-images/© Les Arts Décoratifs, Paris/Jean Tholance/© DACS 2014; **71** Alamy/© Julian Castle; **72** akg-images/De Agostini Picture Library; **73** Alamy/RIA Novosti; **74** Will Webster/© DACS 2014; **75a** Alamy/© ITAR-TASS Photo Agency; **75b** Will Webster; **76** Alamy/© Universal Images Group/DeAgostini; **77** Corbis/© David Lees; **78a** CSAC Università di Parma/Sezione Fotografia/Fondo Vasari; **78b** RIBA Library Photographs Collection; **78–79** akg-images/Mondadori Portfolio/ Sergio Del Grande Angelo Cozzi, Mario De Biasi; **79b** RIBA Library Photographs Collection; **80** Getty Images/Hulton Archives/Permissions courtesy Dion Neutra, Architect © and Richard and Dion Neutra Papers, Department of Special Collections, Charles E. Young Research Library, UCLA; **81** Corbis/© Kenneth Johansson/Permissions courtesy Dion Neutra, Architect © and Richard and Dion Neutra Papers, Department of Special Collections, Charles E. Young Research Library, UCLA; **82a** Arcaid Images/Alan Weintraub/Permissions courtesy Dion Neutra, Architect © and Richard and Dion Neutra Papers, Department of Special Collections, Charles E. Young Research Library, UCLA; **82b** © Iwan Baan/Permissions courtesy Dion Neutra, Architect © and Richard and Dion Neutra Papers, Department of Special Collections, Charles E. Young Research Library, UCLA; **83b** Corbis/© G.E. Kidder Smith/Permissions courtesy Dion Neutra, Architect © and Richard and Dion Neutra Papers, Department of Special Collections, Charles E. Young Research Library, UCLA; **83a** Corbis/© William James Warren/Science Faction/ Permissions courtesy Dion Neutra, Architect © and Richard and Dion Neutra Papers, Department of Special Collections, Charles E. Young Research Library, UCLA; **84** akg-images/Schütze/Rodemann; **85** akg-images/Fritz Eschen; **86** Alamy/© VIEW Pictures Ltd/© DACS 2014; **87a** Alamy/© DACS 2014; **87b** © 2014 Photo Scala, Florence/BPK, Bildagentur fuer Kunst, Kultur und Geschichte, Berlin/© DACS 2014; **88** Alamy/© David Muenker; **89** Courtesy, The Estate of R. Buckminster Fuller; **90** The Estate of Buckminster Fuller; **91** Courtesy, The Estate of R. Buckminster Fuller; **92** Getty Images/Hulton Archive; **93** RIBA Library Photographs Collection/Architectural Press Archive/© DACS 2014; **94a** VIEW/© Lucien Herve/Artedia; **94bl** © DACS 2014; **94br** Richard Weston/© DACS 2014; **95** Rex/Pekka Sakki; **96** Chant Avedissian/Aga Khan Trust for Culture; **97** Aga Khan Trust for Culture/Christopher Little; **98–99a** Chant Avedissian/Aga Khan Trust for Culture; **98–99b** Alamy/© B. O'Kane; **99a** © Gary Otte/Aga Khan Trust for Culture; **100** Alamy/© B. O'Kane; **101** RIBA Library Photographs Collection; **102–103a** Alamy/© Brian Green; **102br** Richard Weston; **102bl** Photo Scala, Florence/Art Resource, NY; **103b** Peter Olson Collection, Athenaeum of Philadelphia; **104** akg-images/© Sotheby's/© ADAGP, Paris and DACS, London 2014; **105** Photo Scala, Florence/© ADAGP, Paris and DACS, London 2014; **106a** RIBA Library Photographs Collection/Architectural Press Archive/© ADAGP, Paris and DACS, London 2014; **106b** Getty Images/JEAN-CHRISTOPHE VERHAEGEN/AFP/© ADAGP, Paris and DACS, London 2014; **107** Scala, Florence/© ADAGP, Paris and DACS, London 2014; **108** Fritz Hansen/© Aage Strüwing; **109** Fritz Hansen/Danmarks Nationalbank/Photo © Thomas Ibsen; **110a** Fritz Hanzen/Photo © Egon Gade; **110b** Alamy/© FP Collection; **111a** Alamy/© FP Collection; **111b** Det Kongelige Bibliotek; **112** Artur Images/© Werner Huthmacher/© 2014 Barragan Foundation / DACS; **113** Barragan Foundation/© Ursula Bernath/© 2014 Barragan Foundation/DACS; **114** Barragan Foundation/Photo Armando Salas Portugal/© 2014 Barragan Foundation/DACS; **115** Alamy/© John Mitchell/© 2014 Barragan Foundation/DACS; **116** Getty Images/The LIFE Images Collection; **117** Bruce Goff Archive, Ryerson and Burnham Archives, The Art Institute of Chicago. Digital File 199001_110607-15; **118** Getty Images/The LIFE Images Collection; **118–119b** Getty Images/The LIFE Images Collection; **119a** Ralph Beuc; **120** Photo Scala, Florence/ Mark E. Smith; **121** RIBA Library Photographs Collection; **122a, b** Richard Weston, **122r–123** Photo Scala, Florence/Mark E. Smith; **124** Alamy/© Kadu Niemeyer, Arcaid Images; **125** Alamy/© Zoran Milich; **126–127a** Alamy/© Robert Harding World Imagery; **126b** Alamy/© Alan Weintraub, Arcaid Images; **127b** Corbis/© G.E. Kidder Smith; **128** © 2014 Eames Office, LLC (eamesoffice.com), photographer Timothy Street-Porter; **129** Corbis/John Bryson © Condé Nast Archive; **130** © 2014 Eames Office, LLC (eamesoffice.com); **131a** © 2014 Eames Office, LLC (eamesoffice.com), photographer Timothy Street-Porter; **131b** Alamy/© Nikreates; **132** Alamy/© Arcaid Images/Mark Fiennes; **133** Library of Congress/© Balthazar Korab, The Balthazar Korab Archive; **134a, 134b, 135** Library of Congress/© Balthazar Korab, The Balthazar Korab Archive; **136** RIBA Library Photographs Collection; **137** Getty Images/The LIFE Picture Collection; **138a** Leonardo Finotti; **138b** Getty Images/The LIFE Picture Collection; **139** Getty Images/The LIFE Picture Collection; **140** The John Lautner Foundation; **141, 142, 143a, 143b** Alamy/© Alan Weintraub, Arcaid Images; **144** Alamy/© Rosmi Duaso; **145** Elvira Coderch Gimenez; **146a** © Photographic Archive F. Català-Roca – Arxiu Fotogràfic de l'Arxiu Històric del Col.legi d' Arquitectes de Catalunya; **146b** akg-images/Album/Prisma; **147** Alamy/© age footstock Spain, S.L.; **148** RIBA Library Photographs Collection; **149** Courtesy Tange Associates; **150a** RIBA Library Photographs Collection/John Barr; **150b** Edson Luis; **151a** © Akio Kawasumi/Kawasumi Kobayashi Kenji Photograph Office Co., Ltd, Tokyo; **151b** Getty Images; **152** Alamy/© Keystone Pictures USA; **153** RIBA Library Photographs Collection/Architectural Press Archive; **154–155a** Alamy/Sally-Ann Norman, VIEW Pictures Ltd; **154b** Arkitektur- och designcentrum/f.d. Arkitekturmuseet; **155a** Arkitektur- och designcentrum /f.d. Arkitekturmuseet; **155b** © Holger Ellgaard; **156** Leonardo Finotti; **157** Servicio de Medios Audiovisuales Facultad de Arquitectura-Udelar; **158a, 158–159** Leonardo Finotti; **160** © Aldo van Eyck Archive/TU Delft; **161** © Aldo van Eyck Archive/Ad Petersen; **162** © Aldo van Eyck Archive; **163a** © Aldo van Eyck Archive/J.J. van der Meyden; **163b** © Aldo van Eyck Archive; **164** Alamy/© Galit Seligmann; **165** Getty Images/Hulton Archive; **166** akg-images/VIEW Pictures/Anthony Coleman; **167a** RIBA Library Photographs Collection; **167b** Alamy/© FP Collection; **168, 169, 170, 171** Geoffrey Bawa Trust; **172** Behnisch Architekten/© Christian Kandzia; **173** Behnisch Architekten; **174a** Behnisch Architekten/© Frank Ockert; **174b, 175** Behnisch Architekten/© Christian Kandzia; **176** RIBA Library Photographs Collection/Architectural Press Archive; **177** RIBA Library Photographs Collection/Architectural Press Archive; **178a** Alamy/© FP Collection; **178–179b** Alamy/© Arcaid Images/Sarah J. Duncan; **179a** Alamy/© FP Collection; **181** akg-images/L.M. Peter; **182** RIBA Library Photographs Collection/Architectural Press Archive; **182–183a** Arkifoto/Nasjonalmuseet, Norway; **182b** RIBA Library Photographs Collection/Robert Elwall; **183** RIBA Library Photographs Collection/Cathy Dembsky; **184** Venturi, Scott Brown and Associates, Inc./Photograph by Tom Bernard; **185a** Venturi, Scott Brown and Associates, Inc./Photograph by Denise Scott Brown; **185b** Venturi, Scott Brown and Associates, Inc./Photograph by Robert Venturi; **186a, b** Venturi, Scott Brown and Associates, Inc./Photograph by Matt Wargo; **187a** Photography courtesy of Venturi, Scott Brown and Associates, Inc.; **187b** Venturi, Scott Brown and Associates, Inc./Photograph by Rollin LaFrance; **188** Alamy/© Arcaid Images/Richard Bryant; **189** RIBA Library Photographs Collection; **190a** Alamy/© Arcaid Images/Jeremy Cockayne; **190b** James Stirling/Michael Wilford Fonds/Collection Centre Canadien d'Architecture/Canadian Centre for Architecture, Montréal; **191a** Alamy/© Arcaid Images/Richard Einzig; **191b** Alamy© Arcaid Images/Richard Bryant; **192** Maki and Associates; **193** Courtesy of Maki and Associates/Photograph by Tectonic; **194a** Courtesy of Maki and Associates/Photograph by Toshiharu Kitajima; **194b** Courtesy of Maki and Associates/Photograph by ASPI; **195a** Courtesy of Maki and Associates; **195b** Courtesy of Maki and Associates/Photograph by Toshiharu Kitajima; **196** Corbis/© Richard Bryant/Arcaid; **197** Getty Images; **198a** Corbis/© Kenneth Johansson; **198b** Alamy/© aroundtheworld; **199** Alamy/© imageBROKER/Jan Richter; **200** Charles Correa Associates/Photograph by Mahendra Sinh; **201** Charles Correa Associates/Photograph by Christbal Manuel; **202a** Charles Correa Associates/Photograph by Rahul Mehrotra; **202b** Charles Correa Associates; **203** Charles Correa Associates; **204** Alamy/© MARKA/Giovanni Mereghetti; **205** Courtesy Fondazione Aldo Rossi/© Aldo Ballo, courtesy of Archivio Aldo Ballo, Milano; **206al** Courtesy Fondazione Aldo Rossi/© Eredi Aldo Rossi; **206ar** Courtesy Fondazione Aldo Rossi/© Eredi Aldo Rossi; **206b** Courtesy Fondazione Aldo Rossi/© Eredi Aldo Rossi; **207** Alamy/© Right Perspective Images; **208** Courtesy Eisenman Architects; **209** © Paul Rocheleau; **210–211a** Alamy/© Mark Burnett; **210b** Courtesy Eisenman Architects; **211a** Courtesy Eisenman Architects/Photograph Dick Frank Studio; **211b** Courtesy Eisenman Architects/Photograph Paisajes Españoles S.A. Courtesy the Foundation for the City of Culture of Galicia; **212** Courtesy of Herman Hertzberger - Architectuurstudio AHH, Amsterdam © Willem Diepraam, Amsterdam; **213** Courtesy of Herman Hertzberger – Architectuurstudio AHH, Amsterdam © NFP Fotografie; **214a** Courtesy of Herman Hertzberger - Architectuurstudio AHH, Amsterdam/© Ger van der Vlugt Fotografie; **214b** Courtesy of Herman Hertzberger - Architectuurstudio AHH, Amsterdam/© Herman Hertzberger; **215a** Courtesy of Herman Hertzberger - Architectuurstudio AHH, Amsterdam/© Herman van Doorn; **215b** Courtesy of Herman Hertzberger – Architectuurstudio AHH, Amsterdam/© Herman Hertzberger; **216** Image courtesy Bureau Luigi Snozzi Architetto; **217** Image courtesy Bureau Luigi Snozzi Architetto/© Stefania Beretta/© DACS 2014; **218a** Image courtesy Bureau Luigi Snozzi Architetto; **218b** © Matteo Aroldi; **219a, b** © Matteo Aroldi; **220** Alamy/Arcaid Images/Craig Auckland; **221** Courtesy of Rogers Stirk Harbout + Partners/Sarah Lee; **222–223a** Alamy/© Viennaslide; **222b** Alamy/© AR Photo; **222–223b** Alamy/© Bjanka Kadic; **224** Alamy/© VIEW Pictures Ltd/Fernando Guerra; **225** Corbis/Arcaid/© Fernando Alda; **226a** Getty Images/VIEW Pictures; **226–227b** Getty Images/VIEW Pictures; **227a** Alamy/© age footstock Spain, S.L.; **228** Image Courtesy of Michael

Graves & Associates/© Barry Johnson; **229** Alamy/© Nikreates; **230** Alamy/RSBPhoto1; **230a** Alamy/© RSBPhoto1; **230b** Image Courtesy of Michael Graves & Associates; **231a** RIBA Library Photographs Collection/Alastair Hunter; **231b** Image Courtesy of Michael Graves & Associates/© Marek Bulaj; **232** Alamy/© VIEW Pictures Ltd/Christian Michel; **233** Getty Images; **234-235a** Atelier Hollein/Marlies Darsow; **234-235b** Photo Scala, Florence/Digital image, The Museum of Modern Art, New York; **235ar** Alamy/© Bildarchiv Mohheim GmbH; **236** Alamy/© Arcaid Images/John Edward Linden; **237** Corbis/© Peter Ross; **238a** Alamy/© Arcaid Images/Richard Bryant; **238-239b** Alamy/© Don Smetzer; **239a** Corbis/© Bettmann; **240** Alamy/© Arcaid Images/Ian Lambot; **241** Alamy/© Frances Howorth; **242** Alamy/© Urbanmyth; **243a** Alamy/© Arcaid Images/Richard Bryant; **243b** Alamy/© age footstock Spain, S.L.; **244** Courtesy Juha Leiviskä/Arno de la Chapelle; **245** Courtesy Juha Leiviskä; **246a** Courtesy Juha Leiviskä/Arno de la Chapelle; **246b** Courtesy Juha Leiviskä/Jari Heikkinen; **247a** Courtesy Juha Leiviskä/Arno de la Chapelle; **247b** Courtesy Juha Leiviskä/Arno de la Chapelle; **248, 249** Anthony Browell courtesy Architecture Foundation Australia.; **250, 251** Anthony Browell courtesy Architecture Foundation Australia; **252** Alamy/© Bildarchiv Monheim GmbH; **253** Getty Images/Cover; **254-255a** Duccio Malagamba; **254b** Alamy/© Ambient Images Inc.; **255b** Alamy/age footstock Spain, S.L.; **256** © RPBW/Photograph by William Matthews; **257** Courtesy RPBW/photograph by Stefano Goldberg; **258a** © Fondazione Renzo Piano/photograph Pierre-Alain Pantz; **258-259b** © Fondazione Renzo Piano/photograph Paul Hester; **259a** © RPBW/photograph Christian Richters; **260** RIBA Library Photographs Collection; **261** Hiromitsu Morimoto; **262a** © Hisao Suzuki; **262b** RIBA Library Photographs Collection/John Barr; **263a** © Richard Pare; **263b** Richard Weston; Getty Images/VIEW Pictures; **264** Getty Images/View Pictures; **265** Toyo Ito & Associates, Architects; **266-267** Alamy/© VIEW Pictures Ltd/Edmund Sumner; **267a** Toyo Ito & Associates, Architects/© Koji Taki; **267b** Toyo Ito & Associates, Architects/Tomio Ohashi; **268** Alamy/© VIEW Pictures Ltd/Nick Guttridge; **269** Alamy/© Andrew Cowie; **270** Alamy/© Arcaid Images/Nicholas Kane; **271a** Alamy/© Walter Pietsch; **271b** Alamy/© Arcaid Images/Nicholas Kane; **272** Alamy/© Arcaid Images/Nicholas Kane; **273** Alamy/© VIEW Pictures Ltd/Grant Smith; **274-275a** © Hisao Suzuki/© DACS 2014; **275ar** © DACS 2014; **274b** © Jeroen Musch; **275b** Alamy/© Nikreates; **276** Studio Daniel Libeskind/© Guenter Schneider; **277** Studio Daniel Libeskind/© Ilan Besor; **278a** Studio Daniel Libeskind/© Bitter Bredt; **278b** Studio Daniel Libeskind/© Studio Daniel Libeskind/© Elliott Lewis; **280** Alamy/© Bernard O'Kane; **281** Steven Holl Architects/Courtesy Mark Heitoff; **282a** Steven Holl Architects/© Andy Ryan; **282-283b** Alamy/© Bernard O'Kane; **283a** © Paul Warchol; **284** Courtesy of Zaha Hadid Architects/© Brigitte Lacombe; **285** Alamy/© Victor Finley-Brown; **286a** Corbis/© Jane Sweeney/JAI; **286b** Courtesy of Zaha Hadid Architects; **286, 287b** Alamy/© Asia Photopress; **287a** Alamy/© LOOK Die Bildagentur der Fotografen GmbH; **288** Alamy/© VIEW Pictures Ltd/Nick Gutteridge; **289** Getty Images; **291b** Alamy/© VIEW Pictures Ltd/Daniel Hewitt; **290b** Alamy/© Lorenzo Nencioni; **290-291a** Alamy/© sportpix; **292** Alamy/© Meritzo; **293** Alamy/© Percy Ryall/© DACS 2014; **294-295a** Alamy/© Arcaid Images/Beppe Raso; **294b** Alamy/© Danita Delimont; **295b** Corbis/© Fernando Alda; **296** Alamy/© Paul Raftery; **297** PA/Associaited Press; **298a** Leonardo Finotti; **298-299b** Alamy/© VIEW Pictures Ltd/Christian Richters; **299a** Leonardo Finotti; **300** Courtesy Miralles Tagliabue EMBT/© Benedetta Tagliabue; **301** Alamy/© Arcaid/Keith Hunter; **302** © Hisao Suzuki; **303** Hisao Suzuki; **304** Courtesy Shigeru Ban Architects © Hiroyuki Hirai; **304, 305** Courtesy Shigeru Ban Architects; **306, 307** Courtesy Shigeru Ban Architects © Hiroyuki Hirai.

关于作者

理查德·韦斯顿（Richard Weston）是建筑师、景观设计师和作家，任教于卡迪夫大学威尔士建筑学院。曾著有《阿尔瓦·阿尔托》（此书获得1995年班尼斯特·弗莱彻图书奖）和关于丹麦建筑师约恩·乌松的权威性著作。他还著有《20世纪经典住宅》（*The House in the Twentieth Century*，2001）、《材料、形式与建筑》（*Materials, Form and Architecture*，2003）、《20世纪的主要建筑（第二版）》（*Key Buildings of the Twentieth Century, 2nd edition*，2010），这些书均由劳伦斯·金（Laurence King）出版社出版。